JN303027

福島原発人災記

安全神話を騙った人々

川村 湊
Minato KAWAMURA

現代書館

まえがき

東北関東大地震が襲った時、私は自宅にいた。激しく、長い揺れ。これはちょっとこれまでの地震とは違うぞ、というのが揺れの途中で切れ切れに考えたことだった。飼い猫が必死の形相で駆け回る。声をかけても、もちろん見向きもしない。ようやく、揺れが収まって家のなかを点検してみたら悲惨なものだった。ガレージの上に建て増しした本の小部屋は棚から本が飛び出し、庭に建てた書庫では造りつけ以外の本棚はドミノ倒しのように倒れていて、"書籍流（土石流のダジャレ）"となっていた。当分、本は取り出せない。

書かねばならない原稿を抱えたまま、ついつい不要不急の本を読んでしまうという悪癖から、少し離れることができるか、といった感覚だった。

福島原発の事故を聞いて、ついにくるべきものがきたかと、腹の底からじんわりと恐怖がこみ上がってくるのを感じた。私は米英ソ中仏の核実験による放射能雨の体験者の世代である。『長崎の鐘』や『第五福竜丸』のように真面目なものから、『ゴジラ』『マタンゴ』『美女と液体人間』のような娯楽作品としての（原水爆による）放射能恐怖映画を観た、というより、観させられた世代である。『世界大戦争』で運転手をしている**フランキー堺**演じる主人公が、つつましい生活の果てに、核戦争の勃

発する直前に、家族みんなで最後の晩餐を取る場面があった。彼は、息子を大学に、娘に幸せな結婚を、という〝夢〟を涙混じりに語り続けるのだ。その時の胸を締め付けられるような痛みを、私は思い出した。だが、もちろん、それは今回の〝事象〟とは違っていた。愚かな指導者が核爆弾のボタンを押したわけでもなく、敵対国がミサイルで原子力発電所を攻撃したわけでもない。大地震が起こり、大津波が来て、福島原発の発電設備を根こそぎ攫っていってしまったのである。核燃料の燃焼は止まった。それなのに、クライシス(破局的危機)は始まっている。時々刻々と、運転を停止したはずの原子炉は発熱し、使用済み燃料棒の入った巨大なプールは沸騰している。水素爆発が起こりそうだ。そんなことをいわれても、分からない。これからどうなるのか、この事態は。

テレビを見続けていた私は、なぜ、こんなことになったのか、誰がこうした事態を引き起こした張本人なのかと、腹立たしく、怒りを抑えようがなかった。原子力や原発についてはまったく知らないし、分からない。テレビで原子炉の仕組みや構造を説明されて、初めて、原子力発電はこういうものだと少し分かっただけだ。だが、そこで解説している「原子力工学」の専門家たちは、今まで今回のような事故、震災の危険性に警鐘を鳴らし続けてくれたのだろうか? 燃料棒がジルカロイという金属の莢に入れられ、燃料集合体になり、それらは格納容器のなかで循環する水によって冷却されている。それは建屋という頑丈な建物のなかにあって、五重の防護壁によって、閉じこめられている、と説明され(資源エネルギー庁のHP)、最初の防護壁の建屋が、水素爆発で吹き飛んだだけ、と解説する学者のコメントを聞きながら、そうした構造を知り尽くしているのならば、その弱点や危険性も分

かっていたのではないかと、問いかけたかったのだ。

私はにわか勉強を思いついた。幸いなこと、当分外に出るような用事も、また、外に出るための交通機関も停まっている。本は、書庫から取り出せないし、アマゾンや「日本の古本屋」も当分はダメだろう。この際、インターネットとユーチューブ、それに何とか配達してくれている『毎日新聞』と『東京新聞』の2紙だけから得られる情報で、「原発」のことを調べてみようと考えたのだ。文芸評論を業としている私が、文献資料をまったく使わずに、インターネット中心にどれだけのことができるかという実験でもある。日頃、学生にはネットからのコピペ（コピー＆ペースト）を論文やレポート作成には使うな、といっている私が、コピペだらけの本を書くというのも矛盾である。だが、そうした作業でもしていないと、私の怒りや哀しみはどうにも相手に向かったら、これもちょっとした災厄である。妻と2人きりで余震の続く家に10日間以上もいて、感情の爆発が互いに相手に向かったら、これもちょっとした災厄である。妻はニュースの合間に韓流ドラマを見ている。私はパソコンに向かって「原発」「原子力」関連のネット・サーフィンしている。平和共存である。

私はあえて反原発派のものをコピペせず（参照は、した）、ネット上にある原発推進派のものをコピペし、それに私の批判、批評、感想を書きつけることにした。2次情報ではなく、1次情報を中心にし、それを部分引用したり、要約したりせずに、全文を引用することにした。中略もせず、そのまま私の文中に貼り付けた。著作権の問題が若干生じるかもしれないが、著者たちがそんな、しゃらくさいことをいえるはずもない文章を使ったつもりである。

一夜漬けのにわか勉強をしながら、心底、怒りを感じた。政治家も、実業家も、官僚も、電力会社

経営者も社員も、学者も、マスメディアも、みんなが寄ってたかって、こうした事態を引き起こしたのだ。私が今ここにいるのでなければ、腐り切った者たちのソドムとゴモラの市よ、この世から消え去れといいたくなるほどだ。しかし、私は故人も含めたそうした犯罪者たちと一蓮托生の運命にはなりたくないと思うし、第一、乳幼児も含めて何の罪もない子どもたちが、このソドムとゴモラの市に住んでいるのだ。

事態は進行中である。はたして、「あとがき」までたどりつけるか。私自身、何も見通しはないのである。

福島原発人災記──安全神話を騙った人々 ＊目次

まえがき	1
2011年3月11日（金）	9
2011年3月12日（土）	13
2011年3月13日（日）	17
2011年3月14日（月）	22
2011年3月15日（火）	32
2011年3月16日（水）	38
2011年3月17日（木）	68
2011年3月18日（金）	81

2011年3月19日（土）	99
2011年3月20日（日）	118
2011年3月21日（月）	123
2011年3月22日（火）	134
2011年3月23日（水）	161
2011年3月24日（木）	181
2011年3月25日（金）	185
あとがき	215

3.11 2011

2011年3月11日(金)

2011年3月11日(金)

午後2時46分

マグニチュード9（最初の気象庁発表では8・8）の東北関東大地震が、東北地方、関東を襲う。東日本大震災の勃発である。天変地異に見舞われた福島県大熊町と双葉町に跨る東京電力福島第一原子力発電所で、異常事態が起こった。

地震と同時に、福島第一原発の1〜3号機は自動停止した。これは核反応をする原子炉のなかの核燃料棒の隙間に制御棒が差し込まれ、核反応をストップさせるものだ。ただし、炉心の冷却は続けなければならず、炉内への注水を試みるが、非常用ディーゼル電源が津波のためダウンしたために使えず、炉内の温度は上昇した。

福島第一原発では、10メートル以上の津波は想定していなかったという。というより、津波の襲来そのものを想定していなかったといってよい。福島第一原発には、1〜6号機までの6基の原子炉がある。稼働していたのは1〜3号機で、4〜6号

機は、定期検査のために停止中だった。だが、引き上げられた核燃料棒は、核燃料プールはもとより、冷却水を循環させて、冷却しなければならない（3年間ほど）。そのための電源が失われた。6基の原子炉のそれぞれの制御の利かない暴走、狂走が始まったのである。

午後8時50分 政府は当初のこの原発事故について、近隣住民の「避難の必要はない」としていた。しかし、6時間後にはその判断を修正して、第一原発から半径2キロ以内の住民に避難を指示した。1～4号機までがそれぞれのトラブルを抱え、5～6号機も不安を抱えていた。

午後9時23分 政府は、避難指示を半径3キロに拡大し、10キロ以内には屋内避難を指示した。第二原発でも異常が見られ、同じく半径3キロ以内に避難指示が出た。

午後2時45分頃、自宅（千葉県我孫子市）にいて、テレビで国会中継を見ている途中（普段はそんなものは見ないのだが、たまたま）、画面に緊急地震速報が出る。数秒後、揺れが始まり、激しく大きいので、木製テーブルの下に避難。テーブル自体が揺れ動くので、テーブルの脚を押さえる。飼い猫のジャマコ（メス5歳）が狂ったように走り回り（もう一匹の飼い猫のピピタ（オス10歳）は、日頃から、洗面台の下の物置に隠れ、まったく出てこない）、どこか物陰に隠れたようだ。戸棚の中のガラス容器、瀬戸物が壊れる音がするが、どうしようもない。数分後、揺れが収まってから2階の書斎を見ると、南北側のビデオ棚からビデオ、DVDが全部飛び出していたが、東西側は無事。書庫

では、真ん中に立てていたスチール製本棚がドミノ倒しのように、奥（北側）へ向かって倒れていた。車で外出中だった妻が無事に帰宅。近くのホーム・センター前の道路が液状化で土砂が吹き出し、信号が傾き、周囲の電柱も２、３本斜めに倒れかかっていたという。わが家の庭にも水と土砂が吹き出し、ぐちゃぐちゃになっていた（後で判明したのだが、私の家の近所では、２３０軒ほどが全壊、半壊して、避難所に60人が入ったという）。

テレビで東北の震災の状況を見続ける。津波が家や車や瓦礫を巻き込み、燃えている家までもいっしょに、水田地帯に不気味な生き物のようなものが、家も車も電柱も立ち木も飲み込んだまま、その擬足をじりじりと伸ばしているのだ。NHKのヘリコプターからの中継だ。道路の上にいた車がその津波に飲み込まれるのを、固唾を飲んで見ている。恐怖感というより、現実感がないのだ。本当のこととは思えない。その後、この津波のシーンは、ビデオ映像として何度も繰り返し放映されたが、これが一番衝撃的で、世界各国でも放送され、静止画像として伝達されたようだ。

福島第一原発のニュースが流れる。津波で発電機が故障。冷却水の循環ができなくなり、１号機が危険な状態となっているという。地震の揺れを感じて、原子炉そのものは制御棒が作動し、原子炉の燃焼は止まっているが、炉内を満たしている冷却水が循環せず、発熱したまま、燃料棒が崩壊するという「炉心溶融」、いわゆるメルトダウンの危険性があるという。絶対に起きてはならないことが、現実に起きたのである。

東京都内に住む長男、南行徳に住む次男に、ケータイ、固定電話で何度も（50回以上）電話を掛け

2011年3月11日（金）

るが通じない。不安だが、まあ、命には別状はないだろう。夕方からテレビの前に座り続けたが、午後10時に停電。これはわが家の近所だけの事故的な停電だった。家の裏にある公園の前の電柱2本が、倒れかかり、電線で辛うじて支えられている状態。周囲の電柱も何本も倒れかかっているらしい。停電は免れないだろうと思っていると、案の定、灯りが消えた。復旧のための一時的停電だろう。ラジオでニュースを聞き続けていたが、疲れたので、ソーラー・ランプの乏しい灯りのまま、眠ることにした。だが、頭のなかに切れ切れの思いが錯綜して、なかなか寝つかれない。

3.12 2011

2011年3月12日（土）

2011年3月12日（土）

午前5時44分　政府は、避難指示を半径10キロ以内に拡大した。

午後2時00分　1号機周辺で高濃度のヨウ素、セシウムが検出された。経済産業省原子力安全・保安院が「炉心溶融（メルトダウン）が起きた可能性が高い」と発表した。日本の原発では初めて。

午後3時36分　1号機で水素爆発が起こった。鉄筋コンクリート製の原子炉建屋の上部がなくなる。水蒸気による白煙が発生した。

午後6時25分　避難指示を第一原発の半径20キロメートル以内に拡大した。第二原発の周囲は10キロ以内のまま。

午後8時20分　1号機に海水の注入を開始した。その後、核燃料棒の核反応によって生じる中性子を吸収するホウ酸水も注入。この間の海水注入の判断が遅かったのではないかという非難が集中した。海水、ホウ酸水の炉内への注入は、廃炉を意味

する。東電の経営的配慮が、こうした判断を遅らせ、事態の悪化を招いたという非難である。

締め切りのある原稿など手につかず、テレビのニュースや報道特集を見続けるだけだ。津波の惨状は目を覆わんばかりだ。水産業界誌の記者だった20代の後半の時に、小名浜、気仙沼、石巻、女川、大船渡、八戸などの漁港を回ったことがあった。リアス式海岸沿いに鉄道線路が走り、車窓の景色としては日本一といってよいところではないかと思ったことを思い出した。気仙沼の民宿、居酒屋のおばさんの顔などが思い起こされる。漁協や魚市場、遠洋マグロ漁業会社を回る取材と集金をするという仕事をさぼって、塩竈神社や松島や、ウミネコで有名な八戸の鮫の蕪島(かぶしま)を回った。それらの回遊の地が泥の海に覆われたのだ。

昨日、地震が起きてすぐに、**菅直人**首相がヘリコプターで福島原発と東北の被災地を視察したという。福島原発では、陸上に降りたという。いてもたってもいられないという意味では分からないでもないが、こんな状況の時に首相が行って何になるのだろう。**菅**首相の、頭には阪神淡路大震災の際に、当時の**村山富市**首相の初動の対応が遅れ、国民の非難を浴びたことがよぎったのではないだろうか。国民やマスメディア向けのパフォーマンスにすぎず、現場の初動の火急的対応を遅らせただけといわれてもしようがないだろう。官邸で緊急災害対策本部を作り、関係者の意見を聞いて対策を立てるほうがよかったという意見(**青山繁晴**、ユーチューブで見た)には同感する。ただし、この人物は原子力安全委員会のテロ対策委員だったというが、あまり信頼性がない。テレビの何でもコメンテイター

で、明らかに権力側寄りの人物（もちろん、反菅、反民主党側）だからだ（後でネットで知ったのだが、彼は柏崎刈羽原発の事故の時に、漏れた放射能はまったく人体に影響がないと放言していた）。

菅首相の迷走ぶりは、政府の対応の迷走・不手際の中心にあるもので、東電に出かけ、社長を怒鳴ったり、東日本がダメになる、（東電は）撤退するな、覚悟をせよ、撤退したら東電は100パーセントつぶれる、という威し文句は、最高指導者としての感性（資質）そのものを疑わせるという、やはり**青山繁晴**の意見には賛成だ。政府民主党の対応は、今後、さまざまに報道、論評されることだろうから、ここで取り上げることはしないが、それにしても、腹立たしく、どこにも持ってゆけない怒りを感じる。

菅首相は、東京工業大学応用物理学科を出たのだから、原子力や放射線については、かなりの知識があるに違いないが、どうか自分の知識を過信せずに、専門家のいうことをよく聞いて、的確に対処してほしい（この"専門家"たちがアテにならないことが、のちに明らかとなった）。今となってトップの首をすげ替えていたら、日本の破滅だろう。いつまでも、トップの席に座り続けてもらっても、破滅への近道だが。**菅首相**の言動には、舞台の上の役者になったような気分で、自分をアッピールするだけのパフォーマンス的要素が透けて見える。もっと実務に徹するべきだ。

不安なまま、テレビを見続けるだけの時間を過ごす（停電は復旧した）。夕食後、風邪気味の妻が、居間の入り口のところで、急に嘔吐して倒れる。あわてて毛布にくるみ、119番に電話。妻は嘔吐物が口内に残り、しゃべれない状態。気を失ったようだったが、一瞬のことで意識は回復。自分の家

に、救急車のサイレンが近づいてくるという不安と安堵は、二度と経験したくない。

救急車内では自分で救急隊員に体の状態を説明していた。我孫子市の平和台病院の緊急センターに運び込まれ、直ちに診断を受ける。緊急センターの待合室で待っていたら、当直の若い医者が、風邪のための体調不良で嘔吐の瞬間に腹圧が高まり、脳貧血を起こしたのだろうと診断。点滴を受け、2時間もすれば、帰宅してもよいだろうとのこと。一安心する。長男と次男に電話が通じ、無事であること、現在の状況を確認した。次男の嫁は、まだ職場から帰ってこないという。都心の交通機関が全部ストップしたから、帰宅は困難だろう。

応急の治療費を払うために待合室にある受付のところに行ったら、病院の職員たちが集まって、明日に行われるという東電の計画停電に対する対応を論議していた。電気がこなければ寝てしまえばいい我われと違って、病院などは大変な対応に迫られることは必定だろう。テレビを見ていても、どこで、どれぐらいの範囲で停電になるのか、さっぱり要領をえず、東電や政府の対応に腹立つというより、呆れ果てる思い。

次男に電話をしたら、次男の嫁は人形町の職場から南行徳の部屋まで、歩いて帰ってきたという。3時間ほどかかったという。ようやく一安心だ。

16

3.13 2011
2011年3月13日（日）

2011年3月13日（日）

午後1時00分　3号機が放射性物質を含んだ蒸気を外部放出し、東電は海水を注入することを決定した。

午後8時20分　東電の清水正孝社長が初めて会見。「広く社会にご心配とご迷惑」と述べ、具体的な方策はおろか、深甚な謝罪の印象は見あたらなかった。いやいや会見しているといった印象。この後、この人物に関する情報はほとんどなくなる。

最大の責任者、当事者の東京電力社長が会見を一度しただけで、それきりテレビのニュースにも姿を見せないのは不可解だ。記者会見の東電社員が何の情報もなく、右往左往しているのは、頼りない、情けないというより、こんな人たちに自分たちの生命までも握られていたかと思うと、不安に駆られざるを得ない。こんな社長、役員、技術者、社員たちで、原子力を扱っていたのかと思うと、正直いってゾッとする。

東電の社長、**清水正孝**のことを、東京電力のホームページ

（HP）で調べてみた。

【生年月日】 昭和19年6月23日 【出身地】 神奈川県

【学歴】 昭和43年3月 慶應義塾大学 経済学部卒業

【職歴】
昭和43年4月 東京電力株式会社入社
昭和61年2月 同社資材部資材計画課長
昭和63年1月 営業部（課長待遇）株式会社スーパーネットワークユー出向
平成2年7月 多摩支店支店長付部長
平成4年7月 企画部TQC推進室副室長
平成7年6月 東京南支店大田支社長
平成9年6月 資材部長
平成13年6月 取締役資材部長
平成14年6月 取締役資材部担任
平成16年6月 常務取締役
平成18年6月 取締役副社長
平成20年6月 取締役社長

職歴からすると、経済産業省などの官僚からの天下りではなく、東電生え抜きの社長だが、それは逆にこの人物は、原発行政や原発推進などの原子力政策には、まったく影響力を持っていないことが分かる。良くも悪くも、天降り官僚は、日本の原子力政策に力を持っていたはずで、時と場合によれば、政策転換や変更のための権力を持っているはずだが、資材部出身のこの人物は、ガバメントの能力はなく、ただ、資材の調達などに優秀な社員だったのだろう。社会的な責任や、覚悟を問われても困るという人物を東電社長としたのは、むろん原子力行政を担う官僚と政治家だったろう（親方日の丸の大会社の社長が、東大卒以外の出身であることは例外的だ。現在の東電会長（前社長）・**勝俣恒久**は、東大経済学部卒、ただし、やはり東電生え抜き）。東電にとっても未曾有の危機に、何の役割も果たせず、危機回避の意志も能力もない人物が現場の第一責任者だったということは、**菅直人**、**枝野幸男**を含めて日本国民の限りない不幸だった。

2010年に行われた**広瀬隆**の講演会をユーチューブで見る。2時間ほどの熱演。見かけはおじいさんになったが、反原発の熱意は昔と変わらないようだ（お会いしたことはない。『東京に原発を！』を読み、共感し、同調したことがあっただけだ。ただし、反原発の後に、ユダヤ系のロスチャイルドの陰謀といったような本を出し（読んではいない、印象だけ）少し信頼性を失った。それに、逆説的とはいえ、東京に原発を持ってこい、というのは、あまり現実的ではなく、空想的だと思った。私もやはりタカを括っていたのだ）。

2時間ほどの講演会は、原発の構造や耐震性についての問題、立地、原子力政策などの問題点を的

2011年3月13日（日）

確かに指摘し、その危険性を訴えるものだが、今回の福島原発の大災害（事故といったレベルではない）は、「想定外」の大地震や大津波が原因ということではなく、まさに、「想定通り」の災厄であったことを教えられ、納得すると同時に、ゾッとせざるをえなかった。「くらげなすただよへる」ような日本列島の上に、原子爆弾を容器に詰めながら爆発させ、その熱で発電して、暖を取ろうとしている神国日本の国民たち。CO_2による地球温暖化という、半信半疑にならざるをえない脅かしによって、あまり罪のない我われが、なぜ、原発という "恐怖の大王" のような存在を受け入れなければならないのか。

私は今まで「原発」ということを、ほとんど考えてみなかった。**武谷三男、高木仁三郎、田中三彦、石橋克彦**などの著書も、書店の本棚にあるのを横目で見て、通り過ぎたクチの人間だ。だが、今回の福島原発震災に "被災" して、それではならないことを痛感したのである。

では、具体的には何をなすべきか？　一介の物書きとしての私にできることは、この原発震災（これは日本では数少ない "まともな" 地震学者・**石橋克彦**の造語だ）の現状を "書く" ことしかないのではないか。書庫の本棚が崩れ、参考となる本は取り出せず（あまりないはずだが）、わが家ではアマゾンや「日本の古本屋」といったネット書店での本の購入もしばらくは無理だろう。幸い、『毎日新聞』と『東京新聞』の2紙を取っていて、12日の朝刊も、さすがに時間はかなり遅かったが、配達してくれていた（配達の人は、放射能は大丈夫だったろうか？）。新聞とインターネットの情報だけを基にして、今回の「原発震災」についての個人の記録を残しておけばよいのではないか。

大体、交勤務先の法政大学関係の行事や、文学の世界の催し物も、ほとんどすべて中止となった。

通機関が麻痺しているのだから、外に出ることもない（出られない）。こんな時こそ、インターネットでさまざまな情報を手に入れ、そうした情報だけで「原発震災記」といったものが書けないだろうか。何だか、『方丈記』を書いた鴨長明になったような気分がして、「つれづれなるままに、パソコンにむかひて」「心にうつりゆくままよしなしごとを」（これは兼好法師だが）、そこはかとなく書き付けようという気持ちになったのである。ネットによる情報収集と、コピペ（コピー＆ペースト）でどんなものが書けるか。これも自分にとっての一つの実験であると思う。

だから、これは私の原発、原子力についての"にわか勉強"のレポートであり、その動機は、こんな震災をもたらした者たちへの"怒り"にほかならない。

3.14 2011

2011年3月14日（月）

2011年3月14日（月）

午前11時01分　3号機で水素爆発、原子炉の建屋なくなる。水蒸気の白煙が出る。東電作業員ら7人が負傷。爆発の影響で、4号機の建屋側の壁がなくなる。

午後4時30分　2号機に海水注入を開始した。

午後6時30分　2号機の燃料棒がすべて露出し、高温となり、危険な状態になった。

午後10時00分　2号機の水位は回復したという。

当分、外出はしないと決めていたのだが、今日は韓哲文化財団による研究費助成の授与式が予定されていた。去年、韓国・北朝鮮の映画史の研究というテーマで、助成金を申し込み、幸いに助成をいただけることが決まったのだが、その授与式に欠席では礼を失することになるだろう。といっても、授与式自体がどうなるかも分からないので、事務局にFAXで連絡すると、折り返し事務の方から電話が来て、授与式は挙行するとのこと。

関西など遠方からの出席者もあり、かなりの人数がそろうという。そうであれば、やはり出席しなければまずいと思い、運行しているJRの最寄りの駅として常磐快速線の松戸駅までタクシーで行くこととした。

運転手さんは、行き先が松戸と聞いてあまりいい顔をしなかったが、そのまま車を走らせてもらう。途中、通行禁止や工事中の道路もかなりあり、かなり迂回する形で松戸駅近くまで行く。松戸駅近くで渋滞に巻き込まれ、歩いたほうが早いといわれてタクシーを降り、教えられた方向へ向かったが、かなりの距離があった。駅前の歩道橋に人がずらっと並んでいたが、タクシーを待つ人の行列だった。つくばエクスプレスや京成線が動いていないのだ。

上りのホームに停まっていた上野行きの快速電車に乗ったが、いっこうに発車しない。金町あたりで先行列車が停まっていて、車両検査をしているという。向こう側のホームから、緩行線(東京メトロ千代田線)の電車が動いていたので、そちらに乗り移り、会場の帝国ホテルの最寄りの日比谷駅まで行った。

途中、地震の揺れで一時停止したりしたが、ようやく1時間ほど遅れて、午後6時少し前に授与式の会場に着くことができた。私が一番最後に表彰状を受け、あいさつの順番となっていたので(もちろん、そう配慮してくれたのだろう)、一応の義理は果たせたのである。

長男と次男にも会場に来るように伝えていたので(父親の晴れの姿を見せることと、もう一つ帝国ホテルのパーティー料理を味わえるということで)、電話の声だけでなく、顔を合わせたのでホッとした。祝賀会も盛況で、一瞬、災害のことを忘れてしまいそうだったが、助成を受けた音楽家のチャ

2011年3月14日（月）

リティー・コンサートに急遽変わり、被災地への義捐金の箱が置かれた。主催者側はいったん中止も考えたが、あえて萎縮せずに開催することによって、復興に向かって頑張るという意志を表そうということになったと説明した。ただ、帝国ホテルでの他の行事は軒並み中止となっていたが、一つぐらいは、こうしたものがあってもいいかなと思った。

有楽町の町には、人通りも少なく、居酒屋、レストランの従業員が、割引サービスをするからと、通りに出て客引きを行っていた。節電のためか、町はいつもよりは少し薄暗く、交通の麻痺を怖れてか、通勤・通学客も早目に帰宅したのだろう。タクシーは、すぐに拾えた。神楽坂の自分の事務所（寝部屋）で一泊し、明日の朝、ゆっくり帰ることにした。

インターネットで、大阪大学名誉教授の住田健二の「地球環境改善への原子力の寄与をどう推進するか」という記事を見つけた。「2006 Global Environment Forum KANSAI」（地球環境フォーラム）100人委員からの提言・意見、平成22年9月掲載）ということだが、一部引用したり、要約したりするより、そのまま全文を引用（コピペ）したほうがフェアだろう。

かつて、わが国にも1950年代に原子力黎明期といわれたブーム時代があった。そこでは主に将来のエネルギー資源確保の立場から、化石燃料依存からの脱却の主要な新エネルギー源という面から、原子力の将来性が高く評価されていた。特に、わが国のように天然資源に恵まれず化石燃料エネルギー源に依存できない、かつエネルギー多消費型工業国にとっては、他国からエネ

ルギー輸入への支配を受ける心配が少ない、貯蔵性の強い原子力の利点が高く評価されたのであった。

ただ、一方では核兵器開発のために開発された科学技術が、平和利用へ転用されることへの期待をこめた願望と危惧への両面性があり、これは今では、大国間の軍事的なバランスの問題だけではなく、テロ兵器への転用の危険性を無視できないといった情勢が加わって、原子力利用促進への大きな足かせとなっていることも否定できない。わが国では、世界唯一の原爆被災国であるという体験から、この種の小型兵器への転用への心配を、主たる制約と考えるような意見は原発反対論者の中でも主流を占めているとは思えないが、世界的に見たときには必ずしも過小評価できない面を持っている。

そうした第１次ブームともいえる原子力への楽観的な期待は、その後に米国とソ連で派生した軽水減速・冷却炉（1979）と黒鉛減速・ガス冷却（1986）の発電炉での大事故によって、安全性への疑惑が表面的に台頭してきたため、世界的な沈静期が訪れたといってよい。欧米でのこうした停滞の中では、フランスが傑出して高い原子力依存度を示し続け、電力需要の70％が原子力で賄われているのみではなく、その電力供給対象は広く隣国にも及んでいる。自らは国内に原子力発電所を設置しないが、フランスからの原子力生産による電力供給に依存している国の国境近くの住民は、フランスの原発の安全性に対しては複雑な心境にあるといわれている。この原稿を書いている9・11はまさにその忘れ難い日なのであるが、当時の私はその翌日にパリで開催さ

2011年3月14日（月）

れた世界原子力学会連合の会長会議に出席していて、環境汚染問題への原子力の寄与を大きくアッピールする決議を採択するか否かで大いに議論を戦わした記憶ある。空路の全面閉鎖で、やむを得ず欠席した米国を欠いても、まだその頃は、温暖化をCO_2起因とする見方でも定説化しておらず、原子力が問題解決への強力な助っ人であるという主張を自ら言い出すには慎重であるべきだとの意見、温暖化傾向を認めるにはもっと観測データが必要で、特に途上国のデータの欠落を指摘する声もあったりして、会議はかなり難航した。私見では、このときに出た批判的な問題点では、全面的に解決したり、見通しが付いていないものが、まだ多く残っている。それでも、当時はまだ温暖化問題が切迫した問題との認識がなく、あくまで可能性の議論だったのが、いまや切実な問題と意識されるようになったわけで、当時の予測よりかなり早い問題化である。

そうした紆余曲折を経ながら、その後の低迷期を脱して原子力発電への需要は増加しており、昨今は原子力ルネッサンスと呼ばれるブームの到来を予想する声が多い。かつてはエネルギー資源論の立場からの待望論が、いまや地球環境改善のひとつの大きな手段としての認識に変わってきたように思える。今のブームには、二つの面があり、安全性を含め技術的な着実な改善が進んだことは勿論であるが、一度は政治的な理由で原子力に背を向けかけた国、たとえばドイツが復帰してきたことばかりではなく、これまで必ずしも原子力利用に大きな関心を寄せていなかった国々が、自国でのエネルギー需要の急増に対応すべく原子力発電を重視し始めたためとされている。新興工業国である、中国やインドの電力需要の急増は目を見張るものがある。新規需要がほとんどなかった冷却期にも、ひたすらにじっと耐えて技術力を温存してきた製造業界方面が、

時機到来と積極的な対応を開始し始めたことは言うまでもない。例によって、自国の政府筋の全面的援助を受けての売り込みを開始しているいわゆる原子力先進国と比べると、わが国の場合はどちらかというと、やや控えめ(ママ)であるが、世界的に日本からの技術支援や材料提供がなければ前進できない場面が多いのは事実である。

所で、日本政府が主張するような化石燃料による炭酸ガス発生を25％も大幅逓減するためには、現状ではかなりの困難があるといわれている。それには、現在の電力需要の構成はそのままにして、いわゆる電力生産を積極的に原子力化するのみでは不十分なのではないだろうか。家庭や小規模な生産段階でも、効率の良くない化石燃料使用を、できるだけ効率の良い小口電力需要へ切り替えていくことが必要になるはずである。情報処理の高能率化だけに家庭電化の主力をおかずに、昨今頭打ちになっている小口電力需要の伸びを、もう一度こうしたところから増加させ、化石燃料の使用を抑えたらどうなるのか、その辺についての調査結果がないものだろうか。電力会社や家電メーカーあたりで、こうした両面作戦への提言がなされていないのは、不思議な気がするのだが。

太陽エネルギー他の多くの新エネルギーの積極的で、かつ多様な開発は是非推進してほしいと思うが、現時点ではそうした手段は殆ど補助的な段階であり、分散型の発生源であるため採算性のある継続的な主エネルギー供給源としての期待がもてない難点は、まだまだ克服されそうにもない。

勿論、原子力が全く手放しで安全、かつ低コストのエネルギー源だというつもりはないし、日

27　2011年3月14日（月）

本としては核燃料サイクルの立場から、使用済み核燃料の再処理やそうした際に発生する放射性廃棄物の貯蔵の問題等、まず当面解決しなければならない技術的な問題が山積している。それは、国家的なエネルギー政策に直結する問題であって、今のように再処理問題に対して、電力業界の自主的努力による解決を待つという消極策では、大きな飛躍は望めないのではないか。もっとも、これは地球環境問題解決に匹敵する難問であろうけれど、地球温暖化問題の解決策としての評価以前に不可避の問題として解決しておかなければならない問題であろう。

これは、明らかに原発推進派、原子力善玉派の主張で、「原子力ルネッサンス」を寿ぎ、「今のように再処理問題に対して、電力業界の自主的努力による解決を待つという消極策を止めないのではないか」といっている。これは、使用済み燃料棒から出るプルトニウムやウランを再利用するというプルサーマル計画のような、核燃料の再処理、再燃料化のいわゆる「核燃料サイクル」を、国家予算を使って、積極的にどんどんやれという意味だろう。原子力工学の専門家で、原子力学会の会長だった男の本音がよく表れた発言だろう。

地球温暖化問題、CO_2の排出問題を奇貨として、アメリカやフランスの「原子力ルネサンス」と称する原発推進の大掛け声は、ここ10数年の間、にわかに高まっていたが、それは、交替期を迎えた老朽原子炉を無理矢理使い回すことと、原子炉の新設、増設、プルサーマル燃料の推進、核燃料サイクルの完成のための再処理施設と再処理設備、高速増殖炉の稼働という難関をいっきょに突破しようというものだ。

28

CO_2 は直接的には出さない（その運転過程で、結果的には十分排出する）ので、クリーンエネルギーだといううまやかし論理はよく聞かされるが、人体に危険な放射能を出しておいて、何がクリーンだと思うが、世間の無知と誤解に悪乗りして、決してクリーンでも、エコでもない原子力エネルギーを、嘘八百でプロパガンダする、こんな「原子力学者」と称する男の汚い手口には呆れ果てる。

ところが、今回の原発事故、原子力災害については、彼はなんと、『産経新聞』に、こんなコメントをしていたのである。

住田健二大阪大学名誉教授（原子力工学）の話

すでに相当量の放射性物質が広範囲に漏れているのではないか。非常事態に発展しそうだが、一体どうなるかわたしにも分からない。解決策があるなら教えてほしいぐらい。とにかく海水を注入し続け、原子炉を冷却するしか方法がないのでは。

これが、（元）原子力学会の会長のいう言葉か！　素人よりひどいコメントではないか。こういう男たちが、日本の原子力政策を推進し、原発を造らせ続けたのだ。国立大学の原子力関係の教授連は、政府や産業界に阿（おもね）り、原発推進の旗振り役をすることによって、巨額の研究費を与えられ、御用学者として高い地位や名誉に浴することができるといわれているけれど、この男などは「一体どうなるかわたしにも分からない。解決策があるなら教えてほしいぐらい」といってうろたえ、混乱・困

惑しているのだから、まだ正直なほうかもしれない（単に愚劣なだけかもしれないが）。それにしても、無責任きわまりなく、破廉恥であるのはいうまでもない。

広瀬隆は、ユーチューブの報道番組のなかで、今、テレビに出て、楽観的なコメントを垂れ流している〇〇大学の「原子力」「放射線」「地震学」専門の教授たちは、みんな現場の原子炉のシステムや機械のことはまったく知らず、対策の立てようもない無能力者たちだと罵倒していたが、確かに原子力学会の会長（元だが）が、こんな泣き言めいたことしかいえないのだから、後は推して知るべしである。

東電は単なる原発の運転手であり、機械のことなど知らないと、**広瀬隆**はいう。実際にこの原子炉を設計した人たちに聞かなければ、今回の事態への対策も解決法も成り立たないという。確かに、車を運転している人が、自動車のエンジンや構造を熟知していなくても（どうして車が動くのか、そのメカニズムを知らなくても）運転は可能であるように、実際の原発の現場では、テレビや新聞で「協力会社」という美名で隠されている下請け会社の労働者がその運転業務を行っているのであり、構造やシステムや、そしてその回復や復興には、東芝や日立などの製造会社の設計、製作の担当者だった人に意見を聞かなければならないといっている（1号機の設計者は、アメリカのゼネラル・エレクトリック（GE）社だ）。これは頷ける論理だ（今回も、きわめて危険な原発現場で、まさに必死の業務に携わっている下請け（孫請け、曾孫請け）労働者は、決して少なくないはずだ）。

一番聞いてはいけないのは、原発推進の旗振り役を行ってきた御用学者たちだろう。彼らは、自己弁護や自己保身のために、事態を楽観的にとらえ、甘い見通しを語って、それによって他人と自分と

を安心させようとするからだ。日本の原発は完全に安全であるといい続けてきた彼らは、目の前の事実が信じられない。そんな彼らに、有益で有効な方法が考え出せるはずがない。
東電・保安院・御用学者の３者が集まっても、危険な「もんじゅ」の浅知恵、悪知恵にしかならないのである。

3.15 2011

2011年3月15日（火）

２０１１年３月15日（火）

午前5時30分　政府と東電が合同対策本部を設置した。「え っ、今頃？」という感じ。**菅直人**首相が本部長、**海江田万里**経産大臣がな 社長と**枝野幸男**官房長官（のちには、**清水正孝**東電 ったとされる。途中で代わったのか？）が副本部長という。

午前6時00分　4号機で爆発音、原子炉建屋の5階屋根が損傷した。

午前6時00分　2号機の圧力制御室で爆発音がして、原子炉 格納容器損傷。格納容器は頑丈で、大丈夫といっていたNHK の解説者がいたはずなのだが。

午前9時38分　4号機原子炉建屋内の使用済み核燃料プール 付近で火災を確認したという。ただし、消火活動はできず、自 然鎮火したとか、まだ燃えているとかいった、レベルの低い報 告があった。いったい、誰が、どんなふうにして、これらの施 設を見張っているのだろう。

午前10時00分　毎時400ミリシーベルトの放射線濃度を観

測した。これは「何らかの臨床症状が現れる最小線量」であるそうだ（のちに、500ミリシーベルトと判明）。

午前11時00分 政府は、半径20〜30キロ以内の住民に屋内待避を指示した。

あわてて、自分の住所が福島原発から何キロ以内の半径にあるかを調べる。福島市で60キロ圏内、水戸で100キロ圏内、我孫子市で半径150キロ圏内と知り、正直、ホッとする。都内にいる長男は200キロ圏内、南行徳にいる次男は180キロ圏内といったところか。10キロ以内、20キロ以内に取り残された人たちもいるというのに、こんなことを考えること自体不謹慎だと心の片隅では思ったのだが、やはり、わが身とわが肉親のことが優先してしまうのである。

ただ、テレビではなく、ユーチューブで話をしている専門家によれば、風向きや風力を無視してこんな"安全圏内"など何の意味もなく、また、1〜6号機の1基でも水蒸気爆発すれば、6基全部が連鎖爆発して、そうなったら日本列島どころか、地球上に逃げるところはないという。

黒澤明の『生きものの記録』の三船敏郎演じる鋳物工場の老経営者である主人公のように、自分と家族だけを大あわてで避難させようとして、結果的に交通渋滞を引き起こしてどこにも逃れられなくなる人間を非難することはできない。"悪い"のは、そんな状況に我ら庶民を追い込んだ奴らなのである。

スーパー・マーケットの開くを午前10時を待って、妻といっしょに車で買い出しに出かける。昔、核爆発に遭ったら、1週間持ちこたえられたら、少なくとも放射線による即死状態を免れると書いてあ

2011年3月15日（火）

ったように記憶している。福島第一原発が最終的な大爆発で放射能を撒き散らしたとしても、家の中に退避し、外気や雨などに当たらず、換気扇や空調を使わず、通気孔も目張りして塞いでおけば、1週間はやりすごせるのではないか。

そう考えて、水と食料品を買い置きしようと考えたのである（放射線のヨウ素の有効半減期が約7・5日。1週間というのは、ここから出た数字のようだ。しかし、ストロンチウムは44年だから、これは甲状腺ガンのみに有効なだけだ）。

だが、事態は私が考えているより、もっと急速に動いているようだ。安売りスーパーで買えたのは、ミネラル・ウォーターのペットボトルは1人（1家族）小瓶2本まで、弁当、食パン類、うどん・そば・ラーメンの玉、カップ麺の類はすでに完全に売り切れ状態だった。仕方がないので、飲み物は麦茶や緑茶のペットボトル（これは何本でも買えた）、食べ物は海苔巻きせんべいやアラレだの、まあ、主食代わりとなるものを少々だ。

どういうわけか、カップ焼きそばはあまり人気がないらしく、棚に残っているのを数個買う。トイレットペーパーは、1家族1セットということで、2人だから2セットだと思っていた私たちは、しぶしぶ品物を返した。わが家はウォッシュレットのトイレにしたので、停電でもなく水が出る限りは、トイレットペーパーはそれほど必要ではないと、自分で自分を慰める（本当は、店員に喰ってかかりたくなったのだ）。

そこから、昨日まで地震のために休業していた食品スーパーへ行き、足りないものを補充しようと思ったが、やはり水、豆腐、牛乳類などは少なかった。ただ、野菜や果物、海産物、肉類はいつもの

34

通りに豊富で、値段もいつものままだった（特に安くも高くもない）。米10キロを買い、オレンジやイチゴを買って、車のトランクに詰め込んで帰ってきた。近くの公園では、簡易トイレが設置され、炊き出しや、パンや水の配給が行われている。家が1メートルほども陥没し、住めなくなった避難民が、同じ町内にいるのだ。買い溜めをするなといわれても、庶民の震災対策としては、こんなことしかできないのだ。

書庫の整理ができていないので、本が取り出せないが、入り口の手前の棚に、文春新書の古川和男『「原発」革命』と佐藤満彦『"放射能"は怖いか』があったので、読んでみる。気休めぐらいにはなるだろうか。

『「原発」革命』は、原発推進派の本かと思ったが、その主張は、ウランを使わない核エネルギーの発電所を造ろうというもので、そのメリットとして固形燃料ではなく液体燃料を使うことから、装置・装備が簡便となり、小型化が可能で、安全性が高く、都市近郊に「原発」を造れるから送電ロスがないなどということらしい。科学的（化学的）な内容はまったく分からないが、現在の「原発」とは発想の違うものらしく、プルトニウムを発生させずに、それをウランと混ぜ、"燃やしてしまう"ものらしい。

むろん、その実用化（あるいは研究推進）が困難なのは、日本の「原発」推進派というより、「原子力」政治家の悲願である"プルトニウム"の保持が、この原発ではできないのであり、「平和利用」というゴマカシで、核武装のために絶対的に必要な「プルトニウム」を絶対に手放そうとしない日本

の国家意志（誰の"国家意志"か？）に反しているからだ――いつの日にか、日本が自前の核爆弾を持つことを、熱烈に待ち望んでいる政治家たちは、確実にいるのだ。**中曾根康弘や安倍晋三**のような――。

この「**革命的な原発**」を採用して、核兵器の完全廃絶（原子力＝核エネルギー）を目指そうと著者は主張しているが、それがこうした主張がまったく政策的に取り入れられない原因であり、いかにその「原発」がクリーンで、安全であっても、プルトニウムを生み出さず、それを合法的に持ち続けよう、いざとなったら原爆をいつでも作ってしまおうという、戦後日本の最奥の国家意志に反しているため、絶対的に不可能なのである。まず、現今の原発を完全に廃止し、その後にこの「超安全な原発」の開発に努力する以外にはないようがない。今までの研究、本当にご苦労さんとしかいいようがない。

佐藤満彦の『"放射能"は怖いか』は、本職が植物生理生化学者の「放射線生物学」の入門書ということだろうが、科学読み物としてはかなり高度なレベルで（私が低レベルだということか？）、いっては悪いが（いってしまうが）『原発』革命と同様に、専門バカの読みにくい知識の羅列である。人体や生物への放射線による障害や影響については"科学的"に説明してくれているが、『核』エネルギーの使用を止めただけで、人の世が平和になるのか」などといった問題を立てていることから分かるように、この著者の「反原発論」あるいは「反原発派」への理解はきわめて貧しい。もっとも、質の悪い「反核」「反原発」しか見ていなかったのだろう。「**核**」による人命の損失も『**非核**』によるそれも**区別できない**」というのは、いくら「放言」だといっても、科学者である前に人間であることを思い出しなさい、という半畳を入れたくなる。読んで損はしなかったが、得したという感じもな

かった。
　偶然のことかもしれないが、この両書とも、私の知り合いの文春新書の編集者である嶋津弘章が担当編集者だった。勉強家の彼らしい丁寧な（堅い？）本づくりだが、著者の「放言」や「手前味噌」には、少し注文をつけるべきではなかっただろうか。

3.16 2011

2011年3月16日（水）

午前5時45分　4号機のプール付近で再び火災を発見。

午後4時00分　自衛隊ヘリが上空からの3号機への水投下を試みるが、放射線濃度が高く断念した。

午後11時57分　警視庁放水チームが茨城空港に到着。一分間、7トンほどの海水を放出する予定だったが、3号機の建屋に届かず撤収。警視庁は以後の出動を諦めた。デモ隊相手とは勝手がいかにも違ったらしい（"安田砦"の時の放水ノウハウなど、今の機動隊には伝承されていないのだろうな）。警視庁は水は少しだけだが届いていたとか、言い訳めいた発表を行ったが、装備も訓練も"覚悟"もなし、こんな業務に当たることが無理なのだ。しかし、散々気を持たせてこの体たらくでは、自衛隊に較べ、警察の威信（信頼性）は地に落ちた（後で警視庁が記者発表して、警察官も頑張ったという発言をしていたが、撤退してしまったのだから、言い訳や負け惜しみとしか思えない。恥の上塗りだ）。

消防庁、自衛隊が放水作業を準備して待機している。

今回の事故のテレビでのニュース報道では、最初の頃は東電社員、そして原子力安全・保安院というところの人間が、記者発表、会見にしょっちゅう出てきた。失礼ながら、テーブルに座ってマイクに向かってしゃべる保安院の人間の発表は、要領を得ず、質疑にはトンチンカンか、無言の答えナシ、あるいは分からないとか、情報がなく、後で答えるといった、まったく拙劣なものだった。広報官でもないので、アッピール力や表現力もなく、当然自信もなさそうで、特別な知識もなく、情報もないのに、意地悪な質問（詰問）をする記者たちやテレビ・カメラの前に出なければならず、少し可哀想な感じさえする男たちだった。

ところで、このいかにも頼りない3人組の男たちの所属する原子力安全・保安院の信頼する『東京新聞』の特集記事「こちら特報部」（2011年3月18日朝刊）に「原子力安全・保安院の研究」という記事があり、きわめて手際よくまとめてくれている。それによれば、これは経済産業省の下にある院長の下に、企画調整課、原子力安全広報課、原子力安全技術基盤課、原子力安全特別調査課、原子力安全審査課、原子力発電検査課、核燃料サイクル規制課、核燃料管理規制課、放射性廃棄物規制課、原子力防災課などの下部組織を持つ役所である（ガスや鉱山などの関係部門は省略）。

いつもテレビに出てくる男たちは、5つのポストがある審議官・審査官で、統括・核燃料サイクル

担当審議官、実用発電用原子炉担当審議官、原子力安全基盤担当審議官、産業保安担当審議官、首席統括安全審査官、実用発電用原子炉担当審査官で、次長直属の審議官や審査官ということになる。

課の名前や、審議官の担当管轄名を見ても、「原子力」と「安全」とは切っても切れない関係のようで、組織を挙げて「原子力」は「安全」であるとPRしているようである。一つぐらいは「原子力"危険"対策課」とか「原子力"災害"担当」といった課名、職名があってもいいように思うが、「原子力」といえば、「安全」と応じるのが彼らの使命であり、決して危険や危機や災害や事故といった言葉と結びつけてはいけないものなのである(アンゼン、アンゼンといっておけば、安全が実現されるというのは、言霊（ことだま）信仰以外の何ものでもない。ついでにいっておくと、NHKの海外放送には「海外安全情報」というのがある。どこそこの国、地域は天災やテロや犯罪があるから、行くなとか、注意しろといった番組だ。「海外危険情報」と改名すべきだというのが私の意見だが、今頃、日本以外の国が「危険情報」を盛んに出しているかと思うと、胸が痛くなる思いがする)。

もともと、旧科学技術庁と旧通産省に分かれていたエネルギー政策の原子力安全規定を、2001年の省庁再編の時に一元化したもので、「具体的には、原子力施設を設置しようとする事業者に対し、設置・運転する技術的能力や経営的能力があるかどうかを審査し、設置許可を出すかどうかを判断する。許可を出したら後も原子力施設の設計や工事方法の審査、使用前検査を実施する。運転開始後も定期検査で施設の性能が満たされているかチェックをする」という役所だ。「つまり危険と背中合わせの原子力を監視・指導する組織のはずだが、実際には原発推進路線の経産省の意向を強く受ける組織であることは間違いない」と「こちら特報部」には書かれている。

40

何のことはない。「原発」や「核燃料工場」のお目付役でありそうでいながら、身内そのもので、こうした人たちが審査やチェックをしても、それはザルで水を汲むようなものだろう。保安院3人組が、しどろもどろの会見しかできないのは、そもそも彼らには危機管理や危険除去、災害復旧などの知識も経験も技術も見識も、何一つないことを示しているのである。

保安院長の寺坂信昭は、経産省の商務流通審議官だった人物で、どう考えても、算盤勘定（もちろん、パソコンによる勘定奉行だろうが）は得意でも、原子力災害の危機の陣頭指揮を執れる人材とは到底思えない。絵に描いたような不適材不適所である。当然のように、こんな未曾有の時にあっても、テレビ、新聞等にも、その保安院長の活動、動静はまったく伝わってこないのである。テレビの記者会見でしゃべっているキツネ眼でカツラの西山英彦（私の妻は『ドラえもん』に出てくるスネ夫に似ているという）は、経済産業大臣の大臣官房審議官という肩書きで、本来は通商政策局担当だから、原子力安全・保安院とは部署が違う。なぜ、彼が記者会見を一手に担当しているのか不可解だ。

確かに、最初の頃の記者会見には、根井寿規と中村幸一郎の審議官が出ていたのだが、根井審議官は、東電の発表する数字が信用ならず、海水注水についても本当にやっているのか、海江田大臣から見張っていろといわれたなど、あまりに正直なことをいったので、忌避されたのではないか。中村審議官はもろに原子力安全基盤担当だから、現場を見るのが忙しく、記者会見などしておられず、別の部署の西山に任せたということか。

原子力安全・保安院の名簿は次の通りだ（経済産業省のHP）。

原子力安全・保安院長　寺坂　信昭

次長　平岡　英治

審議官（原子力安全担当、核燃料サイクル担当）根井　寿規

審議官（渉外担当、実用発電用原子炉担当）黒木　慎一

審議官（原子力安全基盤担当）中村　幸一郎

審議官（産業保安担当）内藤　伸悟

首席統括安全審査官　野口　哲男

企画調整課長　片山　啓

地域原子力安全統括管理官（青森担当）新井　憲一

地域原子力安全統括管理官（若狭地域担当）森下　泰

国際室長（併）原子力安全調整官　坂内　俊洋

制度審議室長　佐藤　暁

原子力安全広報課長　渡邉　誠

原子力安全技術基盤課長　生越　晴茂

原子力安全特別調査課長　林　祥一郎

訟務室長（併）林　祥一郎

原子力発電安全審査課長　山田　知穂

耐震安全審査室長　小林　勝

原子力安全主席分析官　野中　則彦
原子力発電検査課長　山本　哲也
高経年化対策室長（併）石垣　宏毅
新型炉規制室長　原山　正明
核燃料サイクル規制課長　真先　正人
核燃料管理規制課長　児嶋　秀平
放射性廃棄物規制課長　中津　健之
総合廃止措置対策室長（併）島根　義幸
クリアランス対策室長（併）鈴木　宏二
原子力防災課長　前川　之則
原子力事故故障対策・防災広報室長　八木　雅浩
火災対策室長　渡辺　剛英
保安課長　吾郷　進平
電力安全課長　櫻田　道夫
電気保安室長（併）佐藤　暁
ガス安全課長　栗原　和夫
液化石油ガス保安課長　北沢　信幸
鉱山保安課長　嘉村　潤

石炭保安室長　清水　篤人

原子力安全・保安院が、経済産業省の出先、あるいは下請け機関で、原発推進路線まっしぐらで、その安全性の審査など信用できないとしたら、一応は中立的で、規制派というべき組織のはずである原子力安全委員会はどうか？　これもまた同じ穴のムジナで、今回の原子力災害について、まったく姿を現さないことを見れば、保安院よりもっと始末が悪いといえるかもしれない。なぜなら、原子力安全委員会は、事務局こそ内閣府にあるが、委員たちはそれぞれ原子力、放射線医学などの専門的な学者たちで、本来は独立的で、客観的な審査や審議、発言や意見がいえる立場であるからだ。それが、今回は何もいわないのは、何と、一昨年の11月に、福島原発についての「耐震性」についての安全性を評価する報告書を出していたのである。その証拠は、これである。

福島第一原子力発電所5号機及び福島第二原子力発電所4号機に関する耐震安全性評価結果（中間報告）を委員会決定するに当たって

平成21年11月19日
原子力安全委員会　委員長　鈴木篤之

本日、原子力安全委員会は、福島第一原子力発電所5号機及び福島第二原子力発電所4号機に関する耐震安全性評価結果（中間報告）を妥当とする耐震安全性評価特別委員会の報告を審議し、

その判断は妥当として委員会決定した。本件は、平成18年9月に委員会決定した、いわゆる新耐震設計審査指針にもとづく電気事業者の検討結果について原子力安全・保安院が評価した結果に関するもので、当委員会としては、新潟県中越沖地震の影響を直接受けた柏崎刈羽原子力発電所以外では、志賀原子力発電所2号機の結果を妥当とした例に次ぐ、2番目の事例である。

当委員会は、新耐震設計審査指針にもとづく評価結果については、同指針を策定した立場から高い関心をもって、その妥当性に関する審議を行ってきている。本件に関しても、原子力安全・保安院の評価結果が当委員会に報告された本年7月以前の3月から本格的に審議を開始し、耐震安全性評価特別委員会の下に置かれたワーキンググループによる集中的審議を計14回、他の原子力発電所とも共通する課題についてワーキンググループとは別の作業会合における審議を計5回、それぞれ開催するなど、専門家による慎重な審議を重ねてきたところである。

その審議過程においてとくに留意して審議された(ママ)事項のいくつかについて紹介し、本件に関する、委員長としての補足的説明としたい。

第1に、耐震安全性評価特別委員会の報告にもあるように、対象となる発電所の敷地近傍の地質をみると、柏崎刈羽原子力発電所のそれと類似的に堆積層が比較的厚いという特徴を有している。そこで、新潟県中越沖地震による柏崎刈羽発電所への影響がその厚い堆積層の存在に大きく左右されたという観測事実に照らして、その知見を科学的に最大限に活用することの重要性に鑑み、地下構造が地震動特性に及ぼす影響等について慎重に検討された。その結果、同影響は小さいこと、また、西側から到来する地震動の観測データにみられるばらつきについても、西側には

検討用地震が存在しないことなど、事業者及び保安院の評価結果は適切と判断された。

第2に、一方、堆積層が厚いという特徴は、柏崎刈羽原子力発電所と同様に、設計用地震力として静的地震力のもつ意味が大きいことを意味している。このため、当初設計時の静的地震力が相対的に大きいことから新耐震設計審査指針にもとづく基準地震動による施設健全性への影響が比較的小さいとする、事業者および保安院の評価結果は適切と判断された。

第3に、本発電所では、新耐震設計審査指針にもとづく基準地震動のひとつが「震源を特定せず策定する地震動」によって決められており、それは、当委員会における、既設原子力発電所に対する今回の新耐震設計審査指針にもとづく耐震安全性評価作業において始めての事例になる。

「震源を特定せず策定する地震動」の妥当性評価の考え方については、本発電所に限らず他の発電所にも共通するところがあり、本検討過程では、関連する分野の専門家による集中審議を行うため、とくに作業会合を開催して慎重に審議した。その結果、各発電所に共通して適用されるべき「震源を特定せず策定する地震動」に関する検証の方法についてまとめられ、耐震安全性評価特別委員会において了承された。本発電所における評価結果についても、同方法に照らして審議され、事業者および保安院の評価結果は適切と判断された。

第4に、評価対象の原子炉施設は、運転開始後、31年と22年を、それぞれ経過している。このため、これまでの運転経験等によって得られた知見の反映とそれにもとづく健全性評価の妥当性についても留意して審議された。たとえば、減衰定数に関し、当初設計時には余裕をみて非常に小さく設定したところ、その後の知見を反映した値に適切に設定されていること、また、こ

れまでの応力腐食対策等により現状では顕著な欠陥が観察されていないことから、経年劣化に関しては維持基準を適用する状況にはないことなどに関する事業者および保安院の評価結果は適切と判断された。なお、関連して、本発電所に特定することではないが、共通する今後の課題として、維持基準への新耐震設計審査指針の反映の必要性が指摘された。

第5に、中間報告対象の設備に関しては、耐震強化工事は実施せずとも、新耐震設計審査指針にもとづく基準地震動に対する施設健全性は確保されていると評価されている。これは、主として設計当初の安全余裕が大きかったためと思われ、事業者および保安院の評価結果は適切と判断された。しかし、耐震安全性を高める観点から望ましいと考えられる対処については、今後とも適切に考慮することが求められることは言うまでもない。

第6に、新耐震設計審査指針では、基準地震動Ssに加えて、弾性設計用地震動のSdによる強度評価を求めているところ、本中間報告では、原子炉建屋などの構築物に関する評価に留まっている。当委員会がすでに保安院および事業者に要請しているように、最終報告には、機器・配管系等も含めて、Sdに対する評価とともに旧指針による強度評価の結果との対比を行って、その結果が示されるべきとの指摘がなされた。

もちろん、フェアであるためにいっておかなければならないのは、これは「福島第一原子力発電所5号機及び福島第二原子力発電所4号機に関する耐震安全性評価結果（中間報告）」であって、現在、災害を引き起こしつつある福島第一原発の1号機、2号機、3号機、4号機と6号機のすべての原子

炉の耐震性を評価し、認めたものではない。5号機に限ったものであり、それもその敷地や建屋などの建築物の耐震設計などを評価し、それにお墨付きを与えたものである。「想定外」のマグニチュード9の大地震、それによる大津波などを予想したり、「想定」した結果ではない。だから、これだけで原子力安全委員会を無能、無責任と決めつけることは妥当ではないかもしれない。しかし、現場まで行き、その耐震性にお墨付きを与えた5号機が、大地震、大津波という〝想定されるべき〟原因によって結果的に破壊されているということについて、せめて反省の一言ぐらいはあってもいいのではないだろうか。

この時の委員長、東大教授の**鈴木篤之**は、同じ東大教授の**班目**（「まだらめ」と読むのだろうか――後で知ったが、反原発派の人たちは〝デタラメさん〟と呼ぶという）**春樹**に交替して、現在の委員会の顔ぶれは、こんな人たちである（原子力安全委員会のHP）。

原子力安全委員会委員

班目　春樹（専門：流体・熱工学）1973・3　東京大学大学院工学系研究科修士課程修了
1990・11　東京大学工学部教授
1995・4　東京大学大学院工学系研究科教授
2010・4　原子力安全委員会委員（常勤）

久木田　豊（専門：原子力熱工学）1975・3　東京大学大学院工学系研究科博士課程修了

久住 静代 （専門：放射線影響学） 1972・3 広島大学医学部医学科卒業
1988・5 日米共同研究機関・放射線影響研究所臨床研究部副部長
1989・4 広島大学原爆放射能医学研究所非常勤講師
1996・4 （財）放射線影響協会放射線疫学調査センター審議役
2004・4 原子力安全委員会委員（常勤）
1990・4 日本原子力研究所東海研究所安全性試験研究センター
 原子炉安全工学部熱水力安全研究室長
1996・10 名古屋大学大学院工学研究科教授
2009・4 原子力安全委員会委員（常勤）

小山田 修 （専門：原子炉構造工学） 1970・3 東京大学大学院工学系研究科修士課程修了
2002・4 （株）日立製作所技師長
2005・10 （独）日本原子力研究開発機構原子力基礎工学研究部門長
2007・10 （独）日本原子力研究開発機構原子力科学研究所所長
2009・4 原子力安全委員会委員（常勤）

代谷 誠治 （専門：原子炉物理・原子炉工学） 1974・3 京都大学大学院工学研究科博士課

1996・4　京都大学原子炉実験所教授　程単位取得退学

2003・4　京都大学大学院エネルギー科学研究科教授（兼任）

2010・4　原子力安全委員会委員（常勤）

この5人は「常勤」とあるから、当然、特別公務員として報酬を受け取っているのだろう。委員長は、東大工学部教授の定席のポストとなっていて、前任の**鈴木篤之**も、現在の**班目春樹**も、東大工学部教授である。名古屋大、京都大、広島大という国立大学教授が、委員ポストを分け合い、たぶん東北大、大阪大、九州大、東京工業大などが、その交替の時期を待っているのだろう。日立は、日本の原発の三大メーカーの一つで、後は東芝と三菱重工業である。これも、3社による割り当てポストなのだろうか。

こうした出自の原子力安全委員会のメンバーに、客観的で、原発推進派にも反原発派にも偏らない中立的な立場に立てというほうが、どだい無理な話であるのは自明だろう。金も栄誉も直接的なだけ、原発推進派としての色合いは、保安院よりももっと露骨で、あからさまなのかもしれない。その証拠に、前任の委員長の**鈴木篤之**は、ことごとく政府側、原子力産業側の立場に立った発言を行い、反原発派からは、原子力推進の最大のスポークスマンとして批判されている。

彼の発言は、こんなものだ。

『電気新聞』2009年5月8日7面
「原子力エネルギー安全月間特集 鈴木篤之・原子力安全委員会委員長インタビュー」
◇原子力安全委員会委員長・鈴木篤之氏

――委員長就任からこれまでを振り返り、感想は。

「国民への説明責任を果たすという役割が大きくなってきた。安全委は国際的にみてもユニークな機関。日本の社会構造の中で、国民への説明責任に特段に配慮するという点で期待されていると実感している。ここで言う『国民への説明責任』とは、国民の前に直接出て説明するということより、国民の立場に立って規制庁に意見を言ったり、安全委としての見解を示したりすることだ」

――原子力の安全性を確保するうえで、安全委として改善が必要なことは。

「原子力発電の安全に携わっている多くの人は最善を尽くしており、改善の余地はあまりない。しかし、いろいろな事故やトラブルが起きており、原子力の安全について国民から心配されているのが実態。何もしないという訳にはいかない」

「危ぐしているのは、何か起きるたびに原因究明、再発防止策を図るパターンが続いていること。結果として、多くの場合で現場の人たちの負担が過重になり、本当の意味での改善策になっていないのではないか。本当に安全上重要なことに資源が投入されるようにすべきだ。何といっても原子力発電では原子炉の安全性が最優先事項。この基本理念を安全委として、さらに徹底で

——耐震安全性の確保で大事なのは。

「現状で最大限努めるべきは、新耐震指針に基づくバックチェックを進めること。問題だったのは国民への説明方法だ。『基準地震動を超えるような地震は現実には起きないから原子炉は安全』という説明は安易すぎた」

「基準地震動だけでなく、設計用入力地震動、機械上の強度の要素もある。新潟県中越沖地震での柏崎刈羽原子力発電所のように、あまりに想定とかけ離れた基準地震動が出るのはまずいが、3つの要素が相まって耐震安全性が確保されるということを国民にもっと説明すべきだったと反省している」

——中長期の安全規制のあり方は。

「リスクを定量化し、リスクを基本に規制を体系化すべき」と原子力関係者はよく言う。原子力安全の規制行為について、リスクの大きさに応じて資源を投入していくという考え方をとり入れることは大切だ。しかし、リスクは客観的なようで、ある種の割り切りでもある」

「西洋的な合理主義がすべてではない。東洋的、生態学的な思想もある。西洋的と東洋的の間で二者択一ではなく、両者を包摂する『第3の知恵』を模索する必要がある。原子力技術は核兵器に使われたのだから、どうしても避けられない」

——原子力の安心についての考え方は。

——耐震安全性の確保で大事なのは。きるよう工夫していきたい」

「複雑な問題だ。人間は理路整然と動けないもの。リスクでの割り切りを国民全員に受け入れてもらうのが難しいのは確かだ」

——事業者に求めることは。

「原子力の安全に直接携わっているのは事業者。原子力の安全について自分たちで社会に説明することを徹底してほしい。日本の事業者は世界トップレベルなのだから自信をもつべき。いまは現場の人がやや萎（ママ）縮しているのでないかと心配している。リーダーには、現場の人たちが元気になるようなビジョンを示してほしい。安全委もできることはする」

御用新聞で、御用発言をしている御用学者の面目躍如たる内容といえるだろう。尊大で横柄な性格が目に見えるようだ。「国民の前に直接出て説明するというより、国民の立場に立って規制庁に意見を言ったり、安全委としての見解を示したりすることだ」とか、「原子力発電の安全に携わっている多くの人は最善を尽くしており、改善の余地はあまりない」とか、ようぬけぬけといったもんだと思わざるをえない。「問題だったのは国民への説明方法だ。『基準地震動を超えるような地震は現実には起きないから原子炉は安全』という説明は安易すぎた」とは、国民なんかには、どうせちゃんと説明してやってもムダだから、いいかげんなことをいって瞞着すればいいんだということだし、「基準地震動を超えるような地震は現実には起きないから原子炉は安全」という、今回の福島原発の大災害によって事実として破砕された理屈を、もし本当に信じていたのなら、途方もない大馬鹿者だし、信じていないで発言していたとしたら、大嘘吐きの詐欺師といわざるをえない。

その嘘吐きぶりは、次のような資料によっても明らかである。

新潟県中越沖地震による影響に関する原子力安全委員会の見解と今後の対応

安委決第17号　平成19年7月30日

原子力安全委員会決定

平成19年7月16日に発生した新潟県中越沖地震は、東京電力㈱柏崎刈羽原子力発電所に対して大きな揺れをもたらし、3号機所内変圧器における火災の発生や6号機における放射性物質を含む水の非管理区域及び環境への一部漏えい等の影響を与えた。また、6号機原子炉建屋の天井クレーンの駆動軸継手部の破損が判明している。

原子力安全委員会は、現時点までに把握されているこれらの事象については、いずれも環境への影響が懸念されるものではないものの、発電所内にある設備・機器等が大きな影響を受けたことは、今後、地震時における原子力発電所の安全性を確保する上で重要な教訓であると考えている。

今回の地震の影響の詳細については、現在、調査が進行中であるが、国内外で大きな関心が寄せられている状況に鑑み、現時点において、地震の影響等に関する見解及び今後の対応の方向性について、以下のとおりとりまとめる。

1．地震の影響について

(1) 原子炉の自動停止等の重要な安全機能の確保

54

今回の地震は、設計時に想定した最大加速度を上回る大きな揺れをもたらしたが、運転中又は起動中の原子炉（2、3、4、7号機）については、全て安全に自動停止するとともに、その後、停止中の他の原子炉（1、5、6号機）を含む柏崎刈羽原子力発電所の7原子炉全ては、現在、安定した冷温停止状態に保たれている。従って、緊急時に要求される「止める、冷やす、閉じ込める」という原子炉の安全を守るための重要な安全機能は維持されていると言える。

（2）地震により発生した事象による影響の把握と今後の対応

今回の地震により発生した事象については、現在詳細な調査が進行中ではあるが、現時点までに1号機から7号機について計64件（地震による原子炉自動停止4件を除く。）が報告されている。そのうち15件が放射性物質に係わる事象とされているが、いずれも、環境への影響が懸念されるものではない。

今後、原子炉圧力容器内部の状態等安全上重要な部分を含む詳細な調査が進められることとなるため、それらの調査の結果を踏まえて今回の地震による影響を総合的に判断していく必要がある。原子力安全委員会としても、その進捗に応じて、随時、原子力安全・保安院や事業者から報告を受け、状況を把握しつつ、必要な検討を行う。

2．耐震安全性の確保への対応について

（1）新耐震指針における要求と既設原子力発電所の耐震安全性の確認

a）新耐震指針における要求

原子力安全委員会は、「発電用原子炉施設に関する耐震設計審査指針」（以下「耐震指針」とい

う。）を、昨年9月に改訂した。新耐震指針においては、①最新の手法を駆使した詳細な活断層調査、②最新の解析技術による地震動評価、③「震源を特定せず策定する地震動」の策定の高度化等を求めており、最新の知見・データを踏まえて旧耐震指針と比べて一層厳しい地震動を想定し、これに対して原子炉の重要な安全機能が損なわれることのないようにすることを要求している。

b） 既設原子力発電所の耐震安全性の確認（バックチェック）

昨年9月、新耐震指針の決定後、原子力安全委員会は、原子力安全・保安院を通じ、旧耐震指針に基づき設計された既設の全ての原子力発電所について、事業者が新耐震指針に基づく耐震安全性の確認（バックチェック）を実施するよう要請した。これを受けて、現在、事業者による確認作業が進行中であり、一部の発電所については、事業者の確認結果について原子力安全・保安院が確認中である。

この事業者による確認のプロセスにおいて、基準地震動の策定や、設計で用いられた解析モデルの信頼性、当初設計以後に得られた新知見等について、新耐震指針に沿って確実かつ早期に調査・検討されることが重要である。事業者による確認結果の妥当性については、原子力安全・保安院が確認し、更に原子力安全委員会が同院から報告を受けて検討することとしている。

c） 新耐震指針の有効性

耐震安全に関しては、予断を持たず、科学的知見や事実に基づき判断することが重要であり、バックチェックにより新耐震指針に基づく地震動を想定し、新耐震指針の見直しの要否に関しては、

し、それを今回の地震等の実際の影響により検証した上で判断すべきものであり、現時点では議論できる状況にはない。

原子力安全委員会としては、こうした検証の結果等を踏まえ、専門家の意見を参考に見直しの要否について適切に判断したいと考えている。

(2) 地震による揺れの詳細な把握と敷地周辺の断層についての追加調査

今回の地震では、柏崎刈羽原子力発電所において当初設計時の想定を大きく上回る揺れを記録したが、事業者は地震の揺れに関する詳細なデータ等(地震計の記録等)を早急に公表することが必要である。今後、原子力安全委員会では、それらが公表された段階で速やかに「耐震安全性に関する調査プロジェクトチーム」(本年7月5日設置)において報告を受け、必要な検討を行う。

また、柏崎刈羽原子力発電所については、今回の地震を引き起こした断層に関する詳細な調査が必要であり、東京電力㈱が予定している海洋地質を含む敷地周辺の断層に係る調査については、調査計画が明らかになった段階で「耐震安全性に関する調査プロジェクトチーム」で報告を受け、必要な検討を行う。

(3) 今回の地震による知見を踏まえた全原子力発電所における対応

a) 建物・構築物の支持性能の確保

新耐震指針においては、その基本方針の中で、「建物・構築物は、十分な支持性能を持つ地盤に設置されなければならない」ことを明記し、旧耐震指針のように重要な建物・構築物に限定することなく、全ての建物・構築物は、重要度に応じた設計荷重に対して十分な支持性能を持つ地

盤に設置することを求めている。一方、今回の地震では、設備・機器類や配管・ダクト類が、地盤の不等沈下等により著しい影響を受けているものが相当数見受けられる。東京電力㈱においては、この状況に鑑み、重要度分類Sクラスのみならず B・Cクラスの建物・構築物についても、今回の地震による破損状況を調査した上で、その分類に応じ、新耐震指針への適合性の観点から、地盤支持性能の確認やこれを踏まえた必要な補強等の措置を講ずることを要請する。

本要請は、柏崎刈羽原子力発電所のみならず、バックチェックに伴う作業の一環として全ての既設原子力発電所において行うことを求めるものである。

b）バックチェックの速やかな実施と結果の公表

東京電力㈱が昨年10月に公表した実施計画書によれば、来年12月末までに柏崎刈羽原子力発電所のバックチェック作業は終了する計画であるが、原子力安全委員会としては、全ての原子力発電所について、実施計画を見直し、地質調査、基準地震動策定等の作業をできるだけ前倒しで行うよう要望する。当委員会は、その作業の結果について原子力安全・保安院から報告を受け、「耐震安全性に関する調査プロジェクトチーム」において検討する。

また、特に柏崎刈羽原子力発電所については、可能な限り早期に結果を公にする必要があるとの観点から、作業を終了した部分から段階的に報告を行うよう事業者を指導するよう、7月17日の臨時会議において、原子力安全・保安院に要望したところである。

c）地震計の設置と地震データの保全

柏崎刈羽原子力発電所において、平成16年新潟県中越地震を踏まえて、同発電所の各原子炉建屋に地震計を設置したことにより、貴重なデータがより多く得られた。他方、平成19年能登半島地震における北陸電力㈱の経験があったにもかかわらず、データが一部消失したことは極めて残念である。地震データは、当該地震に係る安全性確認のみならず、他の原子力発電所の耐震安全性向上の観点からも極めて貴重なデータであり、各原子力事業者において、その点に関する適切な対応が望まれる。「耐震安全性に関する調査プロジェクトチーム」においても、各原子力施設における地震計の設置状況及びデータ消失防止対策等について確認することとする。

d）地質、地盤に関する安全審査の手引きの改訂に向けた検討

「原子力発電所の地質、地盤に関する安全審査の手引き」は、原子力安全委員会が、耐震指針に基づき安全審査を行うに際して、原子炉の設置場所の地質、地盤に関し審査すべき事項を示したものである。同手引きについては、「各種指針類における耐震関係の規定の改訂等について」（平成18年9月19日原子力安全委員会決定）に基づき、関連情報の収集・整理を進めているところであるが、同作業を加速するとともに、最新の知見等を反映するため、適切な段階で改訂に向けた検討を開始する。

e）新知見等の速やかな反映

今回の地震によって得られた新知見については、それを速やかに評価し、他の原子力発電所への水平展開を含め、必要に応じバックチェックに反映していくことが重要である。

（4）「残余のリスク」の評価に向けた検討

新耐震指針においては、その基本方針に関する解説の中で、事業者に対し、「残余のリスク」（想定した基準地震動を上回る地震動の影響により、施設が損傷し放射性物質の拡散や周辺公衆の被ばくをもたらすリスク）の存在を十分認識しつつ、それを合理的に実行可能な限り小さくするための努力が払われるべきことを求めている。現在、事業者は、その求めに応じ、バックチェック作業に加え、既設原子力発電所についてその評価を実施中である。

「残余のリスク」に係る確率論的安全評価については、それらの今後の評価を待って検討すべき部分が多いが、事業者に対し試行的にその定量的評価を行うことを求め、将来の本格的導入に向けた検討を速やかに行っていくこととする。

（5）耐震安全性に関する安全研究等の充実・強化

耐震安全性に関する調査研究の充実・強化を事業者、規制行政庁及び関係研究機関に求める。特に、新潟県中越沖地震を踏まえて、海域及び陸域に存在する活断層調査の精度向上及び地震規模の予測精度の向上等に関する調査研究の加速化が必要である。なお、活断層に係る調査研究の推進に当たっては、地震調査研究推進本部との連携を図ることが重要である。

また、原子力安全委員会は、耐震安全性に関する安全研究の今後の進め方について意見交換するため、「耐震安全性と安全研究」をテーマとした安全研究フォーラムを開催する。

3．地震時の火災等への対応について

（1）地震時の火災等への対応の体制整備

今回の地震で発生した3号機の所内変圧器火災においては、自衛消防組織が十分に機能しなか

60

ったこと、消火に必要な設備が使えなかったこと等の要因により、消火に時間を要し、国民に大きな不安を与えることとなった。事業者には、地震時の火災等への対応について、外部からの支援が得られない場合も想定し、消火等の対処のための機材や人員が休日・夜間等であっても必要時に確保できるような体制を整えることを要請する。そのような体制整備については、保安規定において明確に定めておくことが望ましい。当委員会としては、その点について、規制調査を適切な段階で実施する。

（2）地震時の火災防護対策の強化

原子力安全委員会の定める「発電用軽水型原子炉施設の火災防護に関する審査指針」（火災防護審査指針）においては、原子炉施設の安全機能の重要度に応じ、火災と同時に発生する可能性のある地震等によっても、消火装置の性能が著しく阻害されることがない設計であることを求めている。今回の地震では消火設備が機能しなかったこと等を踏まえ、同指針の要求への対応状況について調査し、火災防護対策の強化に向けて検討を行う。

4．異常発生時の情報の報告、公表について

（1）国・地方自治体への報告、公表

今回の地震によって発生した事象については、国や地方自治体への報告や公表がわかりやすいものになっていなかったこと等が指摘されている。異常が発生した場合の公表内容がわかりやすいものになっていなかったこと等が指摘されている。異常が発生した場合の国等への報告や公表のあり方について、事業者及び原子力安全・保安院において実効的な改善策を検討するよう要請する。

（2）国民に対する説明

国民の原子力安全に対する不安や懸念に応えるため、事業者及び原子力安全・保安院においては、国民の信頼回復と醸成を図ることが今後の原子力安全にとって最も重要であるばかりでなく、それへの取組自体が原子力安全の一層の向上につながるとの認識の下、国民に対する情報の透明性の確保及び放射線安全に関する知識普及に向けた不断の取組を要請する。当委員会としても、耐震安全性の確保に関する国民への説明に関し積極的に取り組んでいくこととする。

（3）国際的な情報共有

これまで原子力安全・保安院及び原子力安全委員会等においてIAEA（国際原子力機関）、諸外国等との間で情報共有を図ってきているが、今回の地震で得られた知見を国際的に共有し、安全対策の向上に役立てていくことは、世界有数の地震国である我が国の責務であり、IAEAの専門調査団の受入れのほか、原子力安全委員会としても、本件事象の国際的な情報共有に努めていく。

5．おわりに

原子力安全委員会としては、原子力安全、中でも耐震安全については、何事も予断をもって当たらないことが肝要であり、科学的知見や事実に基づき判断することを最優先するという謙虚な学習的姿勢が肝腎であると考えている。今後ともこの原則を忘れることなく、安全確保に取り組んで行くこととする。

原子力安全委員会の委員長・**鈴木篤之**の名前が付されて発表されたこの文章は、いかに美辞麗句をつらねようとも、２００７年７月１６日に発生した新潟県中越沖地震による東京電力（株）柏崎刈羽原子力発電所の原発震災（事故）から、何一つ教訓を得ていないどころか、ひたすら深刻な事実を隠蔽し、あまつさえ「平成19年能登半島地震における北陸電力㈱の経験があったにもかかわらず、データが一部消失したことは極めて残念である。地震データは、当該地震に係る安全性確認のみならず、他の原子力発電所の耐震安全性向上の観点からも極めて貴重なデータであり、各原子力事業者において、その点に関する適切な対応が望まれる」と、いけしゃあしゃあと書くなどは、精神のまともさを疑わせるものがある。事実がどうであったかは不明だが、「貴重なデータ」が消失したことは確かであり、それは「原子力事業者」（この場合は東電）によって意図的に湮滅させられたと疑う余地を残すものだ。都合の悪いデータを隠す、あるいは消滅させることは、まさに「各原子力事業者」においてありがちな体質的なものと思われるからだ。

原子力安全委員会のこの報告が空文であるのは、本当にこの文章の通りのことが実行されていたら、今回の福島第一原発の災害は避けられていたはずだからだ。この報告書は、「昨年９月、新耐震指針の決定後、原子力安全・保安院を通じ、旧耐震指針に基づき設計された既設の全ての原子力発電所について、事業者が新耐震指針に基づく耐震安全性の確認（バックチェック）を実施するよう要請した」といっている。そして、「これを受けて、現在、事業者による確認作業が進行中であり、一部の発電所については、事業者の確認結果について原子力安全・保安院が確認中である」ともいっている。

2011 年 3 月 16 日（水）

日本でもっとも古い福島第1原発が、この『バックチェック』を、最初に受けていなければならないのは理の当然であり、この3年間にその時間的余裕がなかったとは口が裂けてもいえないはずだ。原子力安全委員会（の委員長）は、自らがいい出したことさえ、実行しようとも、守ろうともしない、きわめて不誠実で悪質な組織（人物）といわざるを得ないのである。

この**鈴木篤之**という男は、柏崎原発の地震被害を踏まえて原発の耐震指針を新たに設定するという議論にも、重要な役割を果たすために登場する。以下の記事は、『朝日新聞』2006年8月11日のものである（これは、反原発派のHPから）。

分科会で、原発の耐震性に問題があると主張している石橋克彦・神戸大教授は「島根の事例を重大に受け止め、指針案を全面的に見直すべきだ」。これに対し、衣笠善博・東京工大教授は「分科会で一度は合意した議論を蒸し返すもので、到底受け入れられない」と反論。新指針案は、大きな地震を起こす活断層は事前調査で必ず見つけられるから、その活断層が起こすことが想定される地震の規模（マグニチュード）に応じて耐震強度を上げればいいという考え方に基づいている。中田教授らの発見で、その前提が崩れたことになる。

ここで、新たに名前の出てきた**衣笠善博**は、東京工業大学教授で、地震学が専門だが、原子力安全委員会のメンバーだったこともあり、原発推進派の御用学者の一人と目されている。

2006年8月8日の『朝日新聞』には、「原発耐震の新指針、了承を見送り　原子力安全委」という見出しで、こんな記事があった（同HPから）。

原子力発電所の新しい耐震指針を検討している国の原子力安全委員会（鈴木篤之委員長）耐震指針検討分科会が8日、東京都内で開かれた。調査で見つかることが前提になっている活断層が、中国電力・島根原発の付近で見逃されていたことで議論が紛糾し、新指針案の正式了承を見送った。4月にまとめたばかりの指針案が修正される可能性も出ている。

［島根原発と付近の活断層］

分科会で、原発の耐震性に問題があると主張している石橋克彦・神戸大教授は「島根の事例を重大に受け止め、指針案を全面的に見直すべきだ」。これに対し、衣笠善博・東京工大教授は「分科会で一度は合意した議論を蒸し返すもので、到底受け入れられない」と反論。会議の最後に安全委の鈴木委員長が「この際、できる範囲で合意を優先していただきたい」と述べた。

もめた原因の活断層は、島根原発（松江市）近くで5～6月、中田高・広島工大教授らのグループが発掘したもの。航空写真の解析などから「活断層の疑いがある」と以前から指摘されていたが、中電は「詳しい調査をした結果、活断層ではない」と否定。中電の調査結果について原子力安全・保安院や原子力安全委員会も審査で「問題なし」としている。

しかし、現場を見た産業技術総合研究所の杉山雄一・活断層研究センター長は「安全審査に加わった者として、活断層にほぼ間違いない」。分科会主査代理の大竹政和・東北大名誉教授は

自らの責任を含め、重く受け止めている」と話す。

新指針案は、大きな地震を起こす活断層は事前調査で必ず見つけられるから、その活断層が起こすことが想定される地震の規模（マグニチュード）に応じて耐震強度を上げればいいという考え方に基づいている。中田教授らの発言で、その前提が崩れたことになる。

今回の指針見直しで安全委は、指針案を公開し、一般から意見を募った。約７００件の意見が集まり、活断層調査が万全でなくても安全なように直下地震の想定を引き上げるよう求める声もあった。

つまり、建設の事前の「調査で見つかることが前提になっている」活断層が、島根原発の近くで新たに見つかり、こうした「事前調査」で必ず見つかることを前提として耐震性を考えている「新耐震指針」を見直すべきだと、原子力安全委員会の耐震指針検討分科会で**石橋克彦**・神戸大教授が主張したのに対し、**衣笠善博**・東京工大教授は「分科会で一度は合意した議論を蒸し返すもので、到底受け入れられない」と反論したというのだ。一度決めたことをひっくり返すなということであり、これが良心ある学者のいうことだとは思えない。なるほど、この男は、電力会社の回し者、御用学者といわれて抗弁できないだろう（するだろうが）。さらに、**鈴木篤之**・原子力安全委員会委員長は「この際、できる範囲で合意を優先していただきたい」といったというのだから、御用学者ぶりは、一見、中庸的なことをいっているように見えるこっちのほうが役者が上かもしれない。

広瀬隆の「腐蝕の連鎖」（ＨＰ掲載）には、こんなことが書かれている。

通産省の工業技術院・地質調査所の衣笠善博という技官が、今から8年前に六ヶ所村を視察した記録である。衣笠は「今の状況証拠だけでは、第三者から活断層と言われたら十分説明できない」と内部文書の中で喋っている通り、日本原燃に入れ知恵して、六ヶ所村に走っているのは危険な活断層と知りながら、ごまかすよう示唆を与えているのだ。この問題については、国会の科学技術委員会で追及がおこなわれた当時の記録がある。

衣笠善博という男は、通産省の工業技術院・地質調査所の技官をやっていた頃から、原子力ビジネスの最前線で、御用学者ぶりを振りまいていたのである。こうした業績が認められて、彼は国立大学である東京工業大学の教授のポストを得て、原子力利権の末端に食い込むことができたのかもしれない。

鈴木篤之や衣笠善博のような学界のボスと、それに忠実な走狗としての追従者という構図が、原子力ビジネスと伴走する原子力学界（あるいは地震学界）には存在するようだ。強固な利益関係で結ばれたこうした関係を改善することはおそらく不可能だろう。ただ、そうした利益集団を破壊するよりほかに方法はない。原子力官僚の組織、原子力ビジネスの世界もまた同断である。

3.17 2011

2011年3月17日（木）

2011年3月17日（木）

午前9時54分 自衛隊ヘリが3号機に7・5トンの海水を4回投下するも、風のため霧吹き状になり、3号機にかかったのは、1回目のわずかの量だったとしか目視できない。「自衛隊、頑張れ！」と、祈るような気持ちになった。反自衛隊論者である私が。ただし、後でよく考えてみると、あまり効果が上がるとは思えないヘリコプターからの海水の撒布をなぜ真っ先にやったのか、合点がゆかない。放水はやはり消防の得意分野だろう。火事場に、まず真っ先に出動するのは消防で、警察や自衛隊ではないはずだ。

17日未明、アメリカ当局が、福島第一原発から半径80キロ以内に住むアメリカ人や米軍に対して、その圏外に避難するよう勧告したというニュースが伝わる。フランス、韓国なども、自国民に同様の勧告を出していることが報道され、いっきょに福島県、あるいは近県住民の不安が高まる。

長男の話では、友だちの金持ちの息子が、新幹線で東京を脱

出して関西へ向かったという。複雑な気持ちでその話を聞く。

NHKの福島原発災害のニュース報道番組に、**関村直人**東大教授が、解説者、コメンテイターとして頻繁に出演している。事態の解説と、基本的には楽観的な見通しを述べているが、インターネットには、彼は札付きの原発推進派の御用学者で、今回の福島原発災害を政府・東電側に立って、危険性をウチワウチワに見積もって、その災害責任を言い繕っているだけという非難（悪罵）が書き込まれていたので、ネットを検索してみると、原子力安全・保安院が出した、こんな報告書があった。

第8回原子力安全委員会　資料第5号
平成23年2月7日　経済産業省　原子力安全・保安院
東京電力株式会社福島第一原子力発電所1号炉の経年劣化に関する技術的な評価の結果及び長期保守管理方針に係る審査結果（立入検査結果を含む。）について

実用発電用原子炉の設置、運転等に関する規則第11条の2の規定に基づき実施された福島第一原子力発電所1号炉に係る原子炉施設の経年劣化に関する技術的な評価の結果及び長期保守管理方針に係る審査の結果（核原料物質、核燃料物質及び原子炉の規制に関する法律第72条の3第2項に基づく立入検査の結果報告を含む。）について、別添のとおり報告します。

東京電力株式会社福島第一原子力発電所1号炉長期保守管理方針（保安規定）認可に関する審査結果について

平成23年2月7日　原子力安全・保安院

1．審査経緯

原子炉等規制法第35条第1項及び実用炉規則第11条の2第2項に基づき策定された福島第一原子力発電所1号炉長期保守管理方針について、同法第37条第1項及び同規則第16条第1項第20号の規定に基づき、平成22年3月25日付けで東京電力㈱より保安規定の変更認可申請（平成23年1月17日付け一部補正）があった。

これを受け、当院では、申請のあった長期保守管理方針の妥当性について、当該方針の根拠となる実用炉規則第16条第2項第2号に基づき提出のあった高経年化技術評価の結果（以下「高経年化技術評価書」という。）を含め審査を行った。

審査においては、独立行政法人原子力安全基盤機構（以下「JNES」という。）の技術的妥当性の確認結果を踏まえつつ、総合資源エネルギー調査会原子力安全・保安部会高経年化対策検討委員会の下に設置された高経年化技術評価ワーキンググループ（メンバー構成：別紙1、開催実績：別紙2）に諮り専門的意見を聴取した。

2．立入検査の実施

評価の実施体制、実施方法、実施結果等について、その裏付け又は根拠となるデータ、文書等を直接確認するため、これらを主に保存・管理している当該発電所に原子炉等規制法第68条第1項の規定に基づく立入検査を別紙3のとおり実施した。

3．審査基準

当院は、認可申請のあった長期保守管理方針の審査において、高経年化対策実施ガイドライン*1への適合性について高経年化対策標準審査要領*2に基づき実施した。この際、技術的な妥当性の確認については、JNESが制定している高経年化対策技術資料集*3を活用するとともに、日本原子力学会「原子力発電所の高経年化対策実施標準」*4を適宜参照した。

*1：事業者が高経年化対策として実施する高経年化技術評価及び長期保守管理方針に関することについて、基本的な要求事項を規定したもの。

*2：*1に係る基本的な要求事項に則り、国及びJNESが審査を行う際の判断基準及び視点・着眼点を示したもの。

*3：経年劣化事象別技術評価マニュアル、国内外のトラブル事例集、最新の技術的知見等をJNESが取りまとめたもの。

*4：2009年2月27日発行

4．審査内容

（1）高経年化技術評価の実施

① 実施体制、実施方法等プロセスの明確性

保安規定に基づく品質保証計画に従った、技術評価等の実施にかかる組織、工程管理、協力事業者の管理、評価記録の管理、評価に係る教育訓練並びに最新知見及び運転経験の反映など高経年化技術評価の実施体制等がおおむね妥当であることを確認した。

② 評価対象となる機器・構造物の抽出

評価の対象となる機器・構造物は、発電用軽水型原子炉施設の安全機能の重要度分類に関する指針（平成2年8月30日原子力安全委員会決定）において安全機能を有する構造物、系統及び機器として定義されるクラス1、2及び3の機能を有するもののすべてを抽出していることを確認した。

③ 運転経験、最新知見の評価への反映

評価において、機器・構造物の運転実績データに加えて、国内外の原子力プラントにおける事故・トラブルやプラント設計、点検、補修等のプラント運転経験に係る情報、経年劣化に係る安全基盤研究の成果、経年劣化事象やそのメカニズム解明等の学術情報、及び関連する規制、規格、基準等の最新の情報を適切に反映していることを確認した。

また、福島第一原子力発電所1号炉は、運転開始後40年目を迎えるプラントであることから、30年時点で実施した高経年化技術評価をその後の運転経験、安全基盤研究成果等技術的知見をもって検証するとともに、長期保守管理方針の意図した効果が現実に得られているか等の有効性評

72

価を行い、これら結果が適切に反映されていることを確認した。

④ 高経年化対策上着目すべき経年劣化事象の抽出
機器・構造物に発生するか又は発生が否定できない経年劣化事象を抽出し、その発生・進展について評価を行い、高経年化対策上着目すべき経年劣化事象が抽出されていることを確認した。

⑤ 健全性評価の結果
抽出された高経年化対策上着目すべき経年劣化事象について、プラントの運転開始から60年を一つの目安とした供用期間を仮定して機器・構造物の健全性評価が行われていることを確認した。

⑥ 耐震安全性評価の結果
耐震安全上考慮する必要のある経年劣化事象について、経年劣化を加味した機器・構造物の耐震安全性評価が行われていることを確認した。

⑦ 追加すべき保全策
健全性評価及び耐震安全性評価の結果に基づき、現状の保守管理に追加すべき保全策（以下「追加保全策」という。）が抽出されていることを確認した。

（2）長期保守管理方針の策定
高経年化技術評価の結果、抽出されたすべての追加保全策について、当該原子炉として、保守管理の項目及び当該項目ごとの実施時期を規定した長期保守管理方針が策定されていることを確認した。（別紙4）

5．審査結果

審査の過程で、当院は、高経年化技術評価書の内容について、更なる検討を要する事項をとりまとめ、これを申請者に指摘した。(別紙5) これを受け、申請者は、当該評価書の補正を行い、平成23年1月17日付けをもって当該評価書の補正書の提出があった。

また、平成23年2月3日付けをもって、これら補正書の内容を含めたJNESによる技術的妥当性確認の結果について報告があった。

これらを受け、当院は総合的な審査を行い、高経年化技術評価書及びこれに基づく長期保守管理方針の内容は、高経年化対策実施ガイドラインへ適合するものと判断し、東京電力㈱から申請のあった福島第一原子力発電所1号炉長期保守管理方針（保安規定）について、原子炉規制法第37条第1項に基づく認可を行った。

・添付資料　東京電力株式会社福島第一原子力発電所1号炉高経年化技術評価書及び長期保守管理方針の技術的妥当性の確認結果（平成23年2月3日独立行政法人原子力安全基盤機構）

以上

別紙1

高経年化技術評価WG 委員 (敬称略・五十音順)

主査
関村直人(せきむらなおと)　東京大学大学院工学系研究科副研究科長

原子力国際専攻教授

委員
大木義路（おおきよしみち） 早稲田大学理工学術院教授
大橋弘忠（おおはしひろただ） 東京大学大学院工学系研究科教授
橘高義典（きったかよしのり） 首都大学東京都市環境学部教授
小林英男（こばやしひでお） 横浜国立大学客員教授
庄子哲雄（しょうじてつお） 東北大学大学院工学研究科
平野雅司（ひらのまさし） エネルギー安全科学国際研究センター教授
　　　　　　　　　　　　独立行政法人日本原子力研究開発機構
　　　　　　　　　　　　安全研究センター長
宮健三（みやけんぞう） 法政大学大学院システムデザイン研究科客員教授
飯井俊行（めしいとしゆき） 福井大学大学院工学研究科教授
山口篤憲（やまぐちあつのり） 財団法人発電設備技術検査協会
　　　　　　　　　　　　溶接・非破壊検査技術センター所長

別紙3

東京電力株式会社福島第一原子力発電所一号高経年化技術評価等報告書に関する文書等の確認に係わる立入検査の結果について

2011年3月17日（木）

平成23年2月7日　原子力安全・保安院

核原料物質、核燃料物質及び原子炉の規制に関する法律第68条第1項の規定に基づき東京電力株式会社福島第一原子力発電所1号炉に対して行った立入検査の結果について報告する。

(1) 検査の目的

平成22年3月25日に、東京電力株式会社より「福島第一原子力発電所原子炉施設保安規定変更認可申請書」が申請された※ことを受け、高経年化技術評価結果を記載した書類（高経年化技術評価書）及び長期保守管理方針について、その内容の技術的妥当性を確認するため書類審査を行った結果、国の評価結果をとりまとめるに当たり高経年化技術評価書及び長期保守管理方針の関連文書等について確認を行う必要があると判断し、東京電力株式会社の技術評価結果等について必要な現地確認、書類の確認等を行うため、立入検査を実施した。

※実用発電用原子炉の設置、運転等に関する規則第11条の2の規定に基づき、福島第一原子力発電所1号炉に係る原子炉施設の経年劣化に関する技術的な評価（高経年化技術評価）が実施され、その結果追加すべき保全策が抽出されたことから、これを保安規定の添付4に1号炉の長期保守管理方針として追加したもの。

(2) 検査実施日及び立入施設

平成22年8月3日から平成22年8月5日
東京電力株式会社福島第一原子力発電所1号炉（福島県双葉郡、大熊町）

（3）検査内容
経年劣化に関する技術的な評価の実施及び長期保守管理方針の策定において用いたデータ及び関連文書並びに評価の対象とした機器及び構造物の確認を行った。具体的には、実施体制、実施方法、実施結果等について、その裏付け又は根拠となるデータや文書等の物件検査及び関係者への質問を行うとともに、施設への立ち入りによる現場確認を行った。

（4）検査結果
物件検査、施設への立ち入り、関係者への質問により検査を実施し、必要な事項を確認した。
検査結果を踏まえて、福島第一原子力発電所1号炉高経年化技術評価書等に対する指摘事項をとりまとめ、これを事業者に提出するとともに、国の審査報告書に反映することとした。

この報告書によれば、**関村直人**・東京大学大学院工学系研究科副研究科長・原子力国際専攻教授は、総合資源エネルギー調査会原子力安全・保安部会高経年化対策検討委員会の下に設置された高経年化技術評価ワーキンググループの主査として、昨年の8月に福島第一原発の1号炉について、3日間、立ち入り検査をしていたのであり、その経年変化の現状について、安全であるかどうかを検査し、審

77　2011年3月17日（木）

査していたのだ。そして、安全を確認し、太鼓判を押したのである。
 この1号炉については、二〇一一年三月11日の東北関東大地震によって、原子炉の活動そのものは自動停止したが、非常用電源が壊れ、緊急炉心冷却装置（ECCS）が働かず、燃料棒が水面から露出し炉心溶融（メルトダウン）となった。12日、そのため圧力容器の弁を開き、炉内の圧力を低下させたが、高温となった燃料棒の被膜と水の接触で水素が発生し、それに火が点いて水素爆発が起こり、建屋が損壊、原子炉圧力容器に海水を注入し、炉心を冷却することを続けているというのが、3月17日現在の状態である。
 そもそも、この福島第一原発の1号機は、運転開始からすでに40年が経ち、本来は二〇一一年三月25日をもって廃炉となる運命だった。賞味期限切れどころか、耐久期限を遥かに越えたポンコツ原子炉を、東電が無理矢理に延命させようとしたのは（あと10年間使用することを、原子力安全委員会も承認したのである！）経営上の問題もあるだろうが、次々と耐用年数の限界がくる（すでにきているのだが）その他の各地の老朽原発のためにも、ここで大変な無理をしなくてはならなかったのだ。
 新しい原発の建設や稼働は、地元民や反原発派の反対もあって、容易には建設着工とも、運転開始ともならない。古い原発を廃炉にしてしまい、そこで電力事情が逼迫しないという状況となれば、原発を廃止したら直ちに大停電になるぞ、という電力会社（原子力業界＝「原子力村」こぞって）の宣伝する原発の必要性（必需性）の論理が破綻、崩壊してしまう（東電の計画停電というのも、目先の危機からの目くらましと、原発の生き残りを賭けた、東電側の陰謀であると私は思っている——ある程度の必然性はあるだろうが）。

廃炉にしたとしても、その解体や核廃棄物処理には、莫大な費用がかかることは明らかであり、新設よりももっと金がかかってしまうかもしれない。そしてこれは、何の利潤も生み出さない、ドブに捨てる金である。自分が社長（役員、幹部）である間は何とか持たせて先送りし、その後のツケは次の奴らに任せればいい。幸いに、原子力安全・保安院は、あと10年の時間的余裕を与えてくれたのである。

10年後のことなんて、どうでもいいのである。そんな東電側の無責任で姑息なやり方を、同じ穴のムジナである原子力安全・保安院の官僚たちも、原子力安全委員会や、原子力委員会の学識経験者たちも、いいなり通りに認可、承認したのである。それは犯罪であり、彼ら全員が、東電とまったく同等の共同正犯といわざるをえない。

関村直人たちにいわせれば、自分たちは経年変化による1号炉の安全性を検討、検査したのであって、「想定外」の大地震や大津波の被災による原子炉のダメージを予想、予知できる立場でも、そうした義務を持つものでもなかったと抗弁するかもしれない。しかし、子どものお使いでもあるまいし（子どものお使いのほうがマシ？）、これが彼らの恥知らずな言い逃れであることは火を見るよりも明らかだろう。建物の火災予防の検査に来て、自分たちは建物内の設備について検査したのであって、外側に危険な石油タンクが放置してあったのは、自分たちの検査の範囲外にあることだといっても、誰も承伏しないだろう。

何よりも、**関村直人**は、1年も経たない前に、自分たちが立ち入り検査を行い、安全シールを貼ってきたことについて、何らかの釈明、謝罪をしたうえで、日本国民の目の前に出てきて、あまり適切

2011年3月17日（木）

でもなく、タメにもならない〝解説〟を行っているのだろうか？

もし、そのことを隠したままでNHKに出演していたとしたら、破廉恥漢であり、NHKの出演要求に応じなかった場合に、自分に降りかかるデメリットを考えたうえでの、一種のアリバイ工作といわざるをえないのである。津波をかぶってすぐにダウンする発電機や、水素の爆発で吹っ飛ぶような屋根の建屋の老朽化を彼らはなぜ見逃したのか？　彼らが安全性に太鼓判を押した1号炉が、その1カ月後（報告書が提出されたのが、平成23年2月7日）に、爆発を起こし、メルトダウンとなって多くの人々を重大な危機に陥れたというのは、彼らの運の拙さだったといってもいいかもしれない。**関村教授**は、まるでお白洲に引きずり出された罪人のように、憂鬱な表情で「事故」を解説しなければならないハメとなったのである（私は最初、彼は事態を憂慮しているので浮かない顔をしているのだと思っていた。だが、どうもそうではないらしい。彼は、学者、研究者としての自分の明日の身の上を深く憂慮しているのではないか？）。

3.18 2011

2011年3月18日（金）

午前3時20分 東京消防庁は放水活動のため、ハイパーレスキュー隊139人と特殊災害対策車など車両30台を派遣し、いわき市に待機させた。

午前 電源ケーブルの敷設に着手する。福島第一原発の山側にある6900ボルトの配電盤から外部電源としてケーブルで2号機のタービン建屋の配電盤に接続しようとするもの。1号機近くに仮設した配電盤と2号機の配電盤を繋ぎ、電源を復活して機内の冷却水の循環機能などを回復させようという試みだ。これに成功すれば、事態はかなり好転することになるだろうという見通しのようだ。

午後5時55分 保安院が、1～3号機の国際評価尺度を「レベル5」と暫定評価した。「暫定」とは、逃げ口上だろうが、原子炉の損傷、放射能漏れが懸念され、原発外への影響が語られる現状は、スリーマイル以上のものであることは、明らかだろう。危機の認識が甘すぎるという批判は免れないだろう。

日本国家の原子力行政の大綱を決定するのは、内閣府に属する原子力委員会である。その委員長は、衆参両院の承認人事であり、年間3000億円を下らない原子力予算の使い道を決めるのだから、その委員会の権力は絶大である。

発足当時からずっと国務大臣、科学技術庁長官が委員長を務めていた、この原子力委員会は、2001年から民間人が起用されるようになり、現在の委員長は東大工学系の元教授で、東大名誉教授・**近藤駿介**である。以下、4名の計5名で委員会を構成している。そのメンバーは、以下の通りだ（原子力委員会のHP）。

原子力委員会

近藤駿介（こんどうしゅんすけ）　委員長

2004年（平成16年）1月より原子力委員会委員長（常勤）

元東京大学大学院工学系研究科教授、東京大学名誉教授

モットーは暮夜無知をおそれ、明白簡易を心がけること。我が国が原子力科学技術の便益をそれに伴うリスクを低く抑制しつつ長期にわたって享受できるように、国民との相互理解を図りつつ、短・中・長期の政策を並行して企画し、推進していきます。

鈴木達治郎 委員長代理

元財団法人電力中央研究所研究参事

2010年（平成22年）1月より原子力委員会委員（常勤）

グローバル化がすすむ世界の中で、核廃絶及び平和利用と核不拡散の両立を目指した新しい原子力の在り方を考えて行きます。また、国内では納得と信頼を得られるよう、あらゆるステークホルダーと誠意ある対話ができる原子力委員会を目指します。

尾本　彰 委員

東京電力株式会社顧問

2010年（平成22年）1月より原子力委員会委員（非常勤）

技術利用と環境との調和のあり方の人類共通の理念は、環境･経済･社会を軸にした持続可能な発展だと思います。世界の動きから乖離せず日本の持続可能な発展のための原子力技術利用を、安全･セキュリティ･核不拡散に留意しつつ考えてゆきたいと思います。

秋庭悦子 委員

元社団法人日本消費生活アドバイザー・コンサルタント協会常任理事

2010年（平成22年）1月より原子力委員会委員（常勤）

原子力をめぐる様々な課題の中で、最も大切なことは国民の理解、納得であり、その積み重ね

で信頼を得ることです。持続可能な暮らしを支える原子力について、皆様とご一緒に考え、安全・安心を願う国民の声を政策の中に活かしていきます。

大庭三枝（おおばみえ）　委員

東京理科大学工学部准教授、東京理科大学専門職大学院総合科学技術経営研究科知的財産戦略専攻准教授

2010年（平成22年）1月より原子力委員会委員（非常勤）

核拡散防止への貢献、そして原子力の平和利用促進への協力、これらのバランスをとりながらいかなる役割を果たすか、が国際社会における日本の大きな課題だと思います。その観点から、原子力政策の具体的な方向性を考えていきたいと思います。

このうち、男の3人、近藤駿介・鈴木達治郎・尾本彰は、その学歴・職歴からして、まあ、原子力の専門家といえるだろうが、女の2人は、その経歴や業績を見ても、いかにも心もとなく思える。秋庭悦子は、最初は主婦として、カルチャーセンターの消費生活アドバイザーの資格を取得したあと、電気事業連合会広報部に勤務、電気エネルギー問題についての広報活動を行う部署であり、そこでの原子力の広報を担当したことが、現在の原子力委員会とつながったのである。

『あどばいざぁNo99　2006 SUMMER』という雑誌でのインタビューで、「具体的な業務内容を知ったとき、エッと。その2、3年前にチェルノブイリ原発事故があったので、面接で、自分

84

がいかに原発に反対かをとうとうと述べました。いま思うと少々感情的すぎた発言であったと恥ずかしいですが。」といっている。つまり、素朴な反原発派から原発推進派に転向したということである。

このあと、ハウスメーカー、NTT関東支社広報室などを経て、現在は（社）日本消費生活アドバイザー・コンサルタント協会常任理事東日本支部長（のちに述べる日本原子力文化振興財団の理事に「消費生活アドバイザー」が1人いたが、何かの人脈があるのだろうか‥）、日本工業標準調査会特別委員会の委員、ISO（国際標準化機構）／COPOLCO（消費者政策委員会）の国内委員、日本工業標準調査会委員、総合資源エネルギー調査会委員、地域エネルギー・温暖化対策推進会議委員などの多くの委員を兼任しているという。原発推進をモットーとする原子力委員会には、確かにうってつけの人材といえるかもしれないが、日本の原子力行政を高い見地から見渡す学識経験者としては、いかにも役者不足と思われる（というようなことは、女性差別のようになるのであまりいいたくないのだが）。

大庭三枝は、東京理科大学工学部准教授で、その所属だけから見れば、原子力についての専門家のように見えるが、国際基督教大学教養学部社会学科の卒業で、東大大学院で国際関係論を専攻していた。『アジア太平洋への道程・日豪の政策担当者と知識人の「自己包摂的地域」の模索』という博士論文で学位を取得し、のちにこれを基にミネルヴァ書房から単行本として刊行している。その他の論文や学会発表を見ても国際関係論、国際政治学の範疇のもので、原子力行政やその国際協力などに関するものは一つも見あたらない。

若手の優れた国際関係論の学者、研究者であっても、原子力利用についての高い識見を持っている

2011年3月18日（金）

とは考えられない。国民目線で原子力を考えるといったおためごかしは可能だろうが、実際のところは、**秋庭悦子**と同様に、委員会に〝花を添える〟、あるいは担当官の書いてきたペーパーへのイエス・マン（ウーマン）というだけの役割だろう。ただ、日本の原発の核燃料となるウラン鉱石の輸入先が、彼女が専門としている日豪関係の相手先であるオーストラリアであることには、何か意味があるように思われる。日本のウラン輸入量の2573トンのうちオーストラリアからは33％で、国別では第1位である。日豪の通商関係に彼女は精通している。ウラン貿易は、まさに日豪の政策担当者にとって重要なテーマであるはずだ。

もちろん、原子力政策への無批判的な迎合ということは、女性2人だけの問題ではなく、男3人も基本的には、原発推進という「国策」に対して、何の疑問も出さず、チェックもなしえない（というより、そうした流れに積極的に棹さす）ということでは、ここではまったく〝男女平等〟なのである。

以下は、このメンバーによる第1回原子力委員会の声明である（原子力委員会のHP）。

第1回原子力委員会　資料第1号
平成22年年頭の所信
平成22年1月12日　原子力委員会

明けましておめでとうございます。平成22年の新春を迎え、活動を開始するに当たり、所信を申し上げます。

1．基本認識

我が国では、昨年9月に新政権が発足し、地球温暖化対策に関してより意欲的な政策目標が打ち出されました。具体的には、9月24日に行われた第64回国連総会で鳩山総理大臣が、全ての主要国による意欲的な目標の合意を前提に「我が国は2020年までに1990年比25％の温室効果ガスの排出削減を目指す」旨を表明したことです。その実現に向けては、省エネルギーと併せて原子力発電の一層の推進を図る必要があります。

国際社会においても、エネルギー安全保障の確保及び地球温暖化対策の観点から原子力発電を利用したいとする国が急速に増大しつつあり、その実現に向けて我が国の技術と経験を活用したいとする声も高まっています。他方、昨年は、米国オバマ大統領の「核兵器のない世界を目指す」との決意表明を受けて、核軍縮、核不拡散に関する新たな動きも続きました。9月に国連安全保障理事会首脳級会合が開催され、核軍縮、核不拡散、原子力平和利用、核セキュリティに関して国際社会が取り組むべき具体的行動目標が合意されたのもその一つです。

原子力基本法は、「原子力の研究、開発及び利用は、平和の目的に限り、安全の確保を旨とし、民主的な運営の下に、自主的にこれを行うものとし、その成果を公開し、進んで国際協力に資する」ことを基本方針とし、これを「将来におけるエネルギー資源を確保し、学術の進歩と産業の振興とを図り、もって人類社会の福祉と国民生活の水準向上とに寄与する」ことを目的として推進することを求めています。原子力委員会は、この目的を達成するための政策を、近年の国内外の情勢も踏まえ、高い透明性を確保し、広く国民の声を聴き、対話を重ねつつ決定して参ります。

2. 本年の重要目標
(1) 地球温暖化対策、エネルギー安定供給の確保に役立つ原子力発電の着実な利用拡大に向けての取組を、安全確保を大前提に、着実に推進。特に、設備利用率の向上、高経年化対策の推進、新増設の推進。
(2) 核燃料サイクルの確立に向けての着実な進展。特に、六ヶ所再処理施設の操業開始に向けての着実な取組、プルサーマルの着実な進展とともに、使用済燃料の中間貯蔵能力の確保を推進。
(3) 放射性廃棄物の処理・処分の実現に向けての取組の強化。特に高レベル廃棄物処分場の文献調査対象地域公募プロセスを着実に推進。
(4) 社会ニーズに対応する放射線利用の取組の拡大とその社会認知の向上。特に医療や食品安全分野における取組を促進。
(5) 基礎・基盤から実用化まで、より効率的で柔軟な原子力研究開発の推進。特に、安全研究、軽水炉技術の高度化や「もんじゅ」の運転開始を含む高速増殖炉サイクル技術の実用化開発など短・中・長期の課題解決に貢献する研究開発及びこれらの取組を支える基礎的・基盤的な研究開発を着実かつ継続的に推進。さらに、技術継承や産業の健全な発展を支える人材の育成確保の取組を推進。
(6) 原子力に関する二国間、多国間及び国際機関との協力を積極的に推進。特に、国際的に高まる原子力ニーズに対応するために、政府と民間が一体となって導入国における社会・産業基盤を確保し、技術移転を推進。また、原子力平和利用と核不拡散の両立に効果的な核燃料サ

(7) 原子力に対する国民の信頼と納得の維持・向上を目指す広聴・広報活動の強化。特に、国民の安全・安心の要求を理解し、相互理解の取組を進め、政策決定プロセスへの参加を確かにし、立地地域において国、自治体、事業者、住民等が共に発展する「共生」を目指す取組を推進。

イクルの国際的取組の企画に参加。

3・むすび

現在の原子力政策大綱が平成17年に作成されてから5年が経過しようとしています。この間、大綱に示された基本的な考え方を踏まえた取組が推進され、諸課題が解決される一方、新たな課題も生まれています。また、原子力を取り巻く内外の情勢も、冒頭に述べましたように、大きく変化してきています。原子力委員会は、重要施策の進捗状況や国際環境の変化も踏まえて、原子力政策大綱の改定のあり方について検討を進めます。

プルサーマル計画の推進、すなわち再処理工場によるMOX（mixed Oxide、ウラン238とプルトニウム239の混合酸化物）燃料の生成と、核廃棄物の最終処理工場の建設と稼働、高速増殖炉としての「もんじゅ」の運転開始（再開）、その高速増殖炉サイクル技術の実用化開発などの、原発推進に関わる課題は、すべてそのまま政策として継承するということであり、原発産業・原子力ビジネスの拡大、発展に太鼓判どころか、完全な〝盲判〟を押すという声明文なのである。プルサーマルとか、高速増殖炉とか、素人には何のことやら全然分からない。にわか勉強をしてみた（すべてインターネットで）。プルサーマルとはプルトニウムとサーマルニュートロンリアクター

89　2011年3月18日（金）

（熱中性子炉）を合わせた和製英語で（これは、日本でしかそんなことをやっていないことを示しているのだろう）、従来のウラン235を核燃料とするのではなく、それを燃やした使用済み核燃料からプルトニウム239とウラン238を抽出して、もう一度原子炉で燃やすというものだということだ。しかし、原子炉自体は従来のものを使い、反対派の人たちのいい方によれば、本来、灯油を燃やすはずの石油ストーブでガソリンを燃やすようなもので、危険きわまりないという。

高速増殖炉は、最初からプルトニウムを燃やす原子炉を造るということで、プルサーマルとは別個の技術だ（そのために「もんじゅ」が造られた。「もんじゅ」は、ナトリウムの漏出火災事故を起こし、長期間運転が中止されていたが、原発推進派の悲願が叶って、2010年に運転再開された）。ただし、プルサーマルも、高速増殖炉も、技術的にも設備的にも完成したものではなく、いわゆる"トイレのないマンション"であるとして批判されているものだ。

日本の原子力行政の最高決定機関であり、ガバメント能力を発揮しうるはずの原子力委員会が、審議会や諮問委員会ほどの実質的な力もなく、単に下請け機関として追認・追従機関としてしか機能しなくなっているのは（機能なんてものがあるのか?）、それなりの経緯と理由があるのだろうが、現在では人体の盲腸のようにまったくの無用の長物と化している。早晩、事業仕分けを免れることは難しいのではないか。

もう一つ、原子力委員会が、原発産業、原子力ビジネスの応援団にしかすぎない実例をあげよう。

柏崎刈羽原子力発電所に対する新潟県中越沖地震の影響を踏まえた今後の対応について

平成19年8月7日　原子力委員会

　平成19年7月16日に発生した新潟県中越沖地震によって、東京電力株式会社柏崎刈羽原子力発電所（1号機～7号機）は、設計時の想定を上回る大きな揺れを経験しました。これにより、運転中の原子炉は全て自動停止するなど、原子炉内の放射能の放出を多層に防護する安全上重要な機能は正常に作動し、原子炉は安定した停止状態に移行しました。

　また、発電所全体において損傷や不具合が多数発生しましたが、施設外部の環境への影響が懸念される状況にはありません。

　政府においては、既に原子力安全委員会や原子力安全・保安院において、この発電所に対する地震の影響や事業者の措置を分析し、今後の対応を検討する取組が開始されていますが、原子力委員会としては、この際、次のことが重要であると考えます。

（1）現場の調査の進展により得られた新しい事実を公表する際には、事業者は、国民にそれが迅速かつ正確に伝達されるようにすること。

　また、原子力安全・保安院は、その評価を行い、国民に分かりやすい形で公表すること。海外においてもこの出来事に対する注目度が高くなっていることを踏まえて、原子力安全・保安院及び事業者は、それぞれの役割に応じて、国際社会に対しても国内への通報から遅れることなく適切な情報発信を行うこと。

(2) 原子力安全・保安院は、IAEA（国際原子力機関）の調査には全面的に協力するとともに、その後においても国際会議等を主催するなどして、今回の地震による影響に係る知見や経験の国際社会との共有に努めること。

(3) 既設の原子力施設の周辺地域に住む人々はその施設の耐震安全性に強い関心を有しているので、事業者は新しい耐震設計審査指針に基づく耐震安全性の確認（バックチェック）をできる限り迅速に実施すること。その際には、安全性を判断する上で重要な情報が得られる取組を優先して実施するよう最大限努力し、その結果を速やかに公表すること。また、原子力安全委員会及び原子力安全・保安院は、バックチェックの妥当性を確認し、国民、特に立地地域住民に適切に説明すること。

(4) 原子力施設が実際に大きな地震動を経験した際に事業者が原子力施設の安全確保、立地地域社会との役割分担と連携、広報等の所要の分野において採るべき対応を、厚い守りの観点から検討し、地震時対応マニュアルとして整備してこれが確実に機能するようにすること。

(5) 原子力安全委員会及び原子力安全・保安院は、安全規制に対する信頼性が損なわれることがないように、内外の運転経験や地震学、原子力学、産業安全学等の学界の最新の知見に絶えず注目し、無視できないものが見出された場合には、これの影響を小さくするように、規制基準等への反映を速やかに行う必要があると考えます。このため、原子力安全委員会及び原子力安全・保安院においては、こうした対応、すなわち、行政のリスク管理活動が確実に実

施されるよう、必要な措置を講じること。

(6) 原子力発電は電力の安定供給に資するものであることから、安定供給の確かさを確実にする観点から、事業者は、原子力発電事業に不測の事態が発生する可能性をできる限り低くするために、内外の運転経験や学界の最新の知見に絶えず注目し、無視できない知見等が見出された場合には、これの影響を小さくするための施設や設備の改修等を速やかに行うべきです。このため、事業者においては、同型式の施設の存在数や施設の集積度が増大すると共通原因故障によって供給安定性への影響が増大することも考慮に入れ、こうした対応、すなわち、事業リスク管理活動が確実に実施されるよう、経営組織の改善や定期安全レビューの内容の充実等を図ること。

原子力委員会は、国民の信頼を得て原子力発電を推進するためには、原子力安全委員会、原子力安全・保安院及び事業者におけるこれらの対応の検討が、透明性を確保し、多様な分野の専門家の参加を得て、意見の多様性にも配慮しつつ迅速的確に行われ、適宜にその内容が国民に説明されるべきと考え、今後ともその進行状況を踏まえつつ、適宜に意見を述べていきます。

以上

具体的な改善策、改革案を示さずに、「安全」をことさらに強調するこの文章の無内容さには今さら驚かないが、何か一つでも「柏崎刈羽原発」の災害、事故から汲み取るべき教訓がなかったのだろうか。この期に及んで、「原子力委員会は、国民の信頼を得て原子力発電を推進する」と明言するこ

2011年3月18日（金）

の委員会は、腐り切っている。

東電や原子力安全委員会のお手盛りの報告を追認して、安全性にお墨付きを与えるという役割しか果たし得ない原子力委員会は、今回の原発震災を機に頭を丸め、これまでの一切の給与、手当を国家に返納し、国民に向かい、謝罪すべきだ。これまでの委員経験者も同断である。今回の福島第一原発の原発震災についても、3月18日現在、原子力委員会のメンバーはそのOB、OGも含めて、誰一人として、記者会見やテレビなど公的な場所に出てきていない。平時には、ちゃらちゃらと御用記者たちのインタビューも受けている原子力委員会の委員長が、こんな危急存亡の危うい時に、雲隠れしているようでは、この先、委員会の存続自体も危ぶまれるのではないだろうか。以下は『中國新聞』(二〇〇四年六月二十七日)のインタビューで応えている記事である。

核燃サイクル　多角的に評価—原子力委員会委員長　近藤駿介氏に聞く

原発　変わらぬ重要性

「原子力をしぶしぶ受け入れられているのが現状であり、原子力関係者の正念場だ」と語る近藤氏

原子力委員会は二十一日、原子力政策の基本となる次期原子力開発利用長期計画（長計）の策定会議をスタートさせた。焦点の核燃料サイクル政策の是非や原子力発電の位置付けなどについて近藤駿介委員長に聞いた。

――現状で最も課題と思われるのは。

原子力と不安がつながっていることだ。世論調査では、日本の資源状況とか地球温暖化対策などで原子力を使うのはやむを得ないと考えている人が七割を占める一方、不安に思う人も六、七割いる。原子力をしぶしぶ受け入れているのが現状であり、原子力関係者の正念場だ。

――何が原因でしょう。

だいたい原子力事業者を信頼していない。核兵器や事故への不安ではなく、どうも規制システム、事業者への信頼があてにならないという理由が多い。結局、リスクコミュニケーションと品質保証が大切。規制当局が経済産業省にあろうとなかろうと規制当局の顔が地域社会に見えるようにすることも重要だ。

――長計の策定では核燃料サイクルの見直しに関心が集まっています。

電気事業分科会での論議を引き継ぐ形になっているので、それはいたし方ない。ただ、私はこれまで何回も言ってきたが、単に再処理が高い、直接処分が安いというコスト論は既に済んだ話だ。

一九九五年にプルサーマルを始めようと決めた時、データを見て再処理は高くつくが、それでもさまざまな良い点があるからやりましょうとなった。現行の長計でも当然高いが、経済性に留意しつつやるのがいいとされた。高いからけしからんというのは論点でない。

――では、どんなポイントがありますか。

単にコストだけでなく環境対策とかエネルギーセキュリティーとか定量的評価が難しいものも

合わせて、さまざまな価値観、評価基準をもって総合評価していきたい。基礎データとして当然コスト問題は出る。それを試算するプロセスで、いろいろほかの課題も見えてくる。そもそも原子力の是非を論議することだって構わないし、その議論の先に核燃料サイクルがある。再処理路線で高速増殖炉が今でも有力なのかどうか、チェックすることも大事なことだ。
——その高速増殖炉は行き詰まっていますね。
現行の長計では将来のエネルギー供給の有力な選択肢として研究開発に意味があるとされた。「もんじゅ」は裁判問題もあって遅れたが、これは頑張って動かす。ただ将来、実用化戦略を探る中で、どうしようもないとなれば、さよならになるかもしれない。まだその回答は出ていないし、地元理解を得て動かすことに最大限努力する。
——原発の建設が減る中で今後、原子力発電の位置付けが変わるのでは。
二〇一〇年までの需要想定は当初見込みより十基分減少する。需要が変われば供給も変わるのは当然だ。原子力は引き続き重要な位置を占めるし、原子力の時代はもう終わったというのは誤り。
総合的に検討する中で日本が第一にすべきことを考えたら、アジアのパワーバランスが変わる中で原子力でエネルギーセキュリティーを向上させるとか、地球温暖化への対応は原子力しかできないことがますます分かってきた。そうすると、今度の長計は現行のものと結果的に変わらなくなるじゃないか、という議論はある。

プルサーマルも、高速増殖炉も、世間の雑音に煩わされることなく、GOとすべきだというのが、原子力委員会の**近藤駿介**の立場であり、もちろんこうしたスタンスでなければ、彼が原子力委員会の委員長ともなれることもなかっただろう。この**近藤駿介**をはじめとして（**鈴木篤之**を、嚆矢としたほうがいいかもしれないが）、東大の「原子力工学」の出身者には、**班目春樹、関村直人、大橋弘忠、宮健三**（法政大学客員教授）など、原発推進、プルサーマル推進の論客が多士済々だ。「原子力工学のボス」がいて、次々と、猿山のボス猿のように弟子たちに代を引き継がせてゆく。それで原子力学会や原子力委員会、原子力安全委員会などの要職を盥回しにしてゆく。プルサーマルの熱心な伝道師である**大橋弘忠**などは、その意味で生え抜きの「原子力村」の次代ボス候補だろう（**関村直人**かもしれない）。政界・財界からのバックアップを受け、「原子力ルネサンス」を背景に、プルサーマル計画は向かうところ敵なしの状態だったのである。

元・福島県知事の**佐藤栄佐久**は、福島第一原発の3号炉でのプルサーマル計画や、1～2号炉の40年寿命の延長を、県知事として認めた責任者だが、その時の条件をエネルギー庁や東電にことごとく反故にされ、国の原子力行政に不信感を持った彼は原発推進に反対の立場を取るようになった。彼は、ほどなく東京地検特捜部に収賄の疑いで逮捕・起訴され、福島県知事の地位を失った。一審、二審の裁判の結果、彼は有罪となったが、上告中である。収賄事件そのものが検察のデッチ上げであったことは間違いないだろう。

しかし、1回失墜した彼の名誉は回復されず、福島第一原発3号機では、2010年に処理プールから使用済み核燃料を撤去するという約束は履行されないまま、プルサーマルが実行され、ウランと

プルトニウムを混合したＭＯＸ燃料が燃やされ続けた。そして、その３号機では水蒸気爆発が起こり、毒性が他の原子炉の燃料よりも数倍高いといわれる燃料棒が冷却水の水面の上に剥き出しとなり、放射線を出し続けているというのである。他の原子炉に較べ、この３号機がもっとも危険とされ、集中的に放水が行われているのも、もし破壊された場合の放射能被害は桁違いといわれているからだ。原子炉内でも、核燃料プールのなかでも、ＭＯＸ燃料は高熱を発し続けている。この文章を書いている、今においても。

3.19 2011

2011年3月19日（土）

2011年3月19日（土）

午前0時30分　東京消防庁は、遠距離大量送水装置「スーパーポンパー」や「屈折放水塔車」を組み合わせて、無人放水の態勢を整え、3号機への放水を開始した。

午後2時05分　2回目の放水を開始。

中部電力は、2015年着工を予定していた浜岡原発6号機の新設計画を先送りする方針を固めたと報道。中国電力も、上関原発の建設工事を一時中断。九州電力の川内原発3号機の増設計画も暗礁に乗り上げるだろうと、『毎日新聞』が3月20日付朝刊で報道した。

日本原子力文化振興財団という組織がある。『原子力』という月刊雑誌を発行するとともに、原子力文化についての正しい知識を啓蒙しようという財団法人である。有り体にいえば、政府や業界から金を貰い、政府・業界が推し進めるプルサーマル計画をはじめとした原子力政策についての応援団を組織し、原

発推進を文化面で後押しし、PRをしようという財団である。財団のHPには「明るい文化社会の向上をめざし、幅広い事業活動をすすめています」として、「主な事業活動」として以下のようなものをあげている（日本原子力文化振興財団のHP）。

● 内外情勢の調査研究
● 報道関係者を対象とする情報資料の作成、原子力講座の開催、取材協力
● 中学・高校の生徒や教育関係者を対象とする啓発普及活動の実施
●「原子力の日」記念中学生・高校生小論文コンクール、高校生対象の放射線実習セミナー、教育関係者対象の原子力講座等の開催
● 地方自治体職員や議会関係者を対象とする原子力講座等の開催
● 一般市民との懇談会や原子力に関する情報資料の提供、質疑応答
● 科学技術週間や原子力の日記念行事の開催
● 新聞、雑誌などの媒体を通じての広報
● 国際交流の促進
● 原子力関係VTR、写真等資料の提供、貸出
● 各種広報素材（出版物、VTR）の作成、頒布
● 原子力施設見学会
● 中・高校生小論文コンクール

- 放射線実習セミナー
- 講演会
- 講座・研修会
- 懇談会

　もちろん、その立場は原子力はとても安全で、安価なエネルギーであり、原子力発電所の建設を積極的に推進するものである。CO_2による地球温暖化問題の活性化を追い風にして、原子力利用、原発推進のキャンペーンは、以前にも増して活発となった。石油メジャーの利益代表者であるアメリカのブッシュ政権に対して、元副大統領の**ゴア**などの環境保護のエコロジー派が戦いを仕掛け、太陽光、風力、地熱、バイオ・エネルギー派なども絡んで、エネルギー問題は世界的に輻輳したものとなったのである。原発推進派は、この好機を逃さず、石炭・石油などの化石燃料の生産量の限界や価格の高騰を誇大にいい募り、原子力エネルギーをあたかもそれらに代わりうる唯一のエネルギー源であるかのように喧伝したのである。

　そうした基本的な立場は、現理事長である**秋元勇巳**のこんな文章に、よく表れている（日本原子力文化振興財団のHP）。

「エネルギーレビュー」2005年4月号
非核兵器国の再処理のモデル ──混合転換技術の結晶　六ヶ所工場──

秋元勇巳 (当財団理事長)

[なぜ再処理なのか]

1953年、米国のアイゼンハワー大統領が国連総会で行った原子力平和利用演説をきっかけに、軍事機密を解かれ公開された情報は、核分裂にとどまらず広く核化学全般にわたっていた。一年半後、37カ国3000人を集めて開かれた平和利用のための最初のジュネーブ会議では、各分野の専門家を交え、資源の採掘、製錬から、再処理、廃棄物の処理処分まで、トータルライフサイクルを視野に入れた議論が活発に展開される。こうして世界の潮流は、原子力平和利用システムの一体的構築に向け、大きく流れはじめる。まもなくアメリカは、再処理・プルトニウム利用技術の公開と民間移転の大方針を決め、バックエンドサイクル事業の育成に力を注ぎはじめるのである。

文明進化の歴史をひもといても、その具体的な影響が顕在化しないうちから後始末を考え、システムに組み込んだ産業技術は数少ない。環境汚染が人々の意識に上る遙か以前、LCA (Life cycle assessment) のコンセプトも、PPP (Polutor pays principle) の原則さえ確立されていなかった戦後復興期に、原子力の開発が、このように広い視野と高い環境倫理性のもとに出発しているのは何故なのか。我々はその意義をもう一度かみしめる必要があるであろう。

燃焼廃棄物を大気環境に自由に放出して燃料資源を完全燃焼出来る火力発電所とは異なり、放射能の密閉隔離が大前提となる原子炉では、燃焼とともに燃料内部に核分裂生成物が蓄積し始め、

資源のほとんどが使い切れていない段階で連鎖反応が阻害されてしまう。再処理は、その阻害物質を取り除き燃焼を継続させる手段であり、原子炉と再処理が一体となってリサイクルシステムを形成することで、原子力発電は初めて産業としての態をなす。再処理は、原子力が産業として持続的に発展するための、資源的、環境的必要条件なのである。

幸か不幸か、化石資源に比べ100万倍も出力密度の高い原子力では、資源必要量も、排出される廃棄物量も桁違いに小さく、リサイクル不在に伴う問題は直ちには顕在化しない。原子炉建設ラッシュに煽られ、バックエンドは取り残され、忘れ去られた初志の間隙をついて、平和利用の一体性を損なわせるさまざまな蠢動が始まる。

なかでも原子力システムの健全性に大きな傷跡を残したのが、平和利用から再処理などのバックエンドサイクルを閉（ママ）め出そうとした、カーター政権の政策転換であった。

新核兵器国インドの出現や、平和利用分野での先進諸国の追撃に苛立つアメリカ核ロビーは、プルトニウムを平和利用から切り離し軍事セクターに囲い込むことで、かげりの見え始めたアメリカの原子力一国支配体制を回復できるとの、一部政治学者の主張を鵜呑みにし、アイゼンハワー以来の原子力平和利用政策を180度逆転させる。

当然巻き起こった世界的な論争（INFCE）で、平和利用技術の一体的開発を阻害するカータードクトリンの矛盾は明らかになるが、議会で優勢な核抑止派の圧力を背景にアメリカの姿勢の変わることはなく、その後も日本のバックエンド政策には、さまざまの難題が突きつけられることになる。

2011年3月19日（土）

一方産業技術の急速な進展に違和感を抱く反文明活動家達は、安全管理体制のゆるみが招いたチェルノブイリの暴走事故などを種にホラー・ストーリー作りに没頭し、大衆を原子力嫌悪の渦に巻き込もうとする。動機の全く異なるこの二つの流れは、やがてプルトニウム阻害の一点で不幸な共鳴現象を起こしはじめ、さまざまに日本を悩ますことになる。

六ヶ所村の再処理工場計画は、そのような厳しい状況の中で呱々の声を上げた。1984年4月21日の新聞各紙は、当時の平岩電事連会長が北村青森県知事を訪れ、両者の間で、ウラン濃縮、再処理、低レベル廃棄物処分からなる核燃料サイクル基地開設が合意されたことを、一面で大きく報じている。その後まもなく平岩氏は東電社長を辞し、後継の那須翔氏は、社長就任時の記者会見で、「核燃料サイクルの完成こそが自らに課せられた最大の責務」と所信を披瀝する。後に平岩氏も、この核燃料サイクル問題の推進が、社長在任中最も記憶に残る出来事だったと、インタビューの記者に述懐している。エネルギー供給保証の生命線、核燃料サイクル路線の完遂に向けた電力首脳の並々ならぬ決意が、いまも紙面を通じて伝わってくる思いがする。

それから20年。年も押し迫った2004年12月20日、六ヶ所村の再処理工場はウラン試験を開始、本格的運転に向け大きい一歩を踏み出した。日本はようやく、サイクルを基本に据えた原子力平和利用の初志に、立ち戻ることが出来たのである。

以下この工場が具えている特色を概観してみよう。

［六ヶ所再処理工場の特色］

六ヶ所村の再処理施設には、世界で最も運転実績のあるフランス、ラ・アーグ再処理施設の最

104

新技術が採用されているだけではなく、非核兵器国最初の商業規模再処理施設にふさわしい、拡散防止や核物質防護のための措置が、随所に施されている。

工程面から見た最大の特徴は、分離精製されたプルトニウムが、万が一にも単体のまま再処理工場外に持ち出される事のないように、精製プルトニウム水溶液を直ちにウラン水溶液と混ぜ合わせてその後の処理に回す、いわゆる混合転換の設計となっている点である。この方式を採用した六ヶ所工場では、プルトニウムはすべて同量のウランと混ぜ合わせた上で取り扱われ、最終製品として貯蔵され、あるいは払い出されるのは、1対1MOX（混合酸化物）に限られる。

マンハッタン計画以来、核弾頭に用いられるプルトニウムは、軍事専用の原子炉から生み出されてきた。民生用再処理工場が扱う軽水炉使用済み燃料のプルトニウムは、同位体組成が軍事用とは大きく異なり、これから核弾頭を製造することは、技術的に極めて困難である。事実、数万発の核弾頭が作られた歴史を通しても、民生再処理工場のプルトニウムから核弾頭が作られたのは、不可能でないことの理論的証明のためにあえて行われた、一例があるにすぎないという。

INFCEとほぼ並行して進められた日米再処理交渉で、この非現実的とも云える軍事転用リスクを盾に平和利用目的の再処理を葬ろうとするカーター政権に対し、日本は核燃料サイクル路線を守り通すべく、四つに組んで必死の論争を挑んだ。そのとき最大の武器となり、後に1988年の新日米原子力協定で、日本が再処理・プルトニウム加工の包括同意取り決めを勝ち取る鍵となったのが、この混合転換技術なのである。

しかしプルトニウムを単独で扱わないとなれば、再処理工程の下流は大幅に変更されねばなら

ない。この前人未踏の技術体系を、日米交渉に間に合う時間枠の中で作り上げ、その効果をアメリカが納得するまで実証してみせるため、核燃料サイクル機構を中心に、全日本の技術者たちの英知が東海施設に結集され、日夜懸命の努力が重ねられた。

この成果は、日本原燃の六ヶ所工場に引き継がれている。六ヶ所再処理工場の中央制御ホールを、上のロビー階からガラス窓越しに眺めると、真ん中の通路を挟み、向かって左側には燃料のせん断、溶解、分離など、フランスより導入した工程技術の制御室が、右側にはプルトニウムやウランの脱硝転換、高レベル廃棄物固化など、日本が独自に開発した技術の制御室が並ぶ。再処理プロセスを、非核兵器国ならではの形までに進化させた、日本の技術者たちの血と汗の結晶が、そこには凝縮されている。

[非核兵器国としての配慮]

非核兵器国としての配慮は、工程図などに現れる個所に止まらない。六ヶ所工場では、ウランや、プルトニウムが流れる配管の長さだけでも、全延長60キロメートル（すべての配管をつなぐと1300キロメートル）に達する。数多くの処理装置や貯槽が、このように長大な配管で結ばれている膨大で複雑なシステムに保障措置をかけて拡散の不在を検証し、内包される核物質を防護するのは、決して容易なわざではない。日本の技術陣は、ＩＡＥＡやアメリカの保障措置専門機関の意見を十分に取り入れながら、さまざまな検証、ニアリアルタイム計量、遠隔監視システムなどを開発し、これらの最新鋭機器を工程の要所要所に張り巡らし、電子システムで統御することによって、極めて精緻な、査察・防護システムを築き上げた。フルスコープ・セ

ーフガードが適用される最初の商業規模工場となる六ヶ所再処理工場は、従来の再処理工場に比べ透明性が格段と高く、IAEAなどの国際査察機関は、工場内の核物質の流れを随時、ダイナミックに捕捉することが出来る。今後この工場は、非核兵器国が目指す再処理施設のモデルとしての役割を、十分に果たすものと期待される。

六ヶ所再処理施設は、その安全対策でも世界最高のレベルにある。再処理工場では、原子炉のような高温高圧は取り扱わないが、化学工場の常として、数多くの化学物質がさまざまに変化しつつ縦横に工場内を行き交うため、工程毎に化学物質の性状形態に応じた、きめの細かい安全対策が必要とされる。六ヶ所工場では、５１０万年も前に形成された堅固な岩盤上に直接、工程毎に独立させた工場建家を建設し、これを地下のトンネルで結ぶ形態をとった。このため、主要設備のほとんどが地下に隔離して設置されることとなり、耐震はもちろん、核物質防護、安全、テロ対策いずれの面からも、優れた環境が確保されている。

[核燃料サイクルは世界の潮流]

現在六ヶ所サイトでは、再処理工場に隣接して、MOX燃料加工工場の建設計画が始動中である。この完成によって、日本は初めて、商業規模のプルサーマルシステムを、国内で閉じることになる。更に敦賀では、10年の空白の時を刻んでいた「もんじゅ」改造工事手続きがようやくにはじまり、フランスなど海外の技術グループも交えた高速炉サイクル開発プロジェクトが、運転再開の時を今かと待っている。当然、六ヶ所再処理工場のMOX製品は、このような高速炉の原料物質としても、大きく貢献することとなる。原子力の先達が目指した、自前の技術による、自

立した核燃料サイクルの時代が、いよいよ幕開けの時を迎えようとしているのである。

他の文明諸国に比べ極端に自給率の低い、資源小国日本にとって、自国の原子炉内で生まれるプルトニウムは、最重要の国産資源である。核燃料サイクルが回らねば、わずか4パーセントしかないエネルギー自給率を、原子力の15パーセントを、国産エネルギーとして上乗せすることは出来ない。その上炭酸ガスを放出しない原子力発電は、日本が京都議定書の国際約束を達成するための最大の切り札でもある。

カーター以来のプルトニウムモラトリアム政策は、レーガン政権時代に若干緩められはしたものの、これによって核燃料サイクルに消極的なアメリカの基本姿勢が変わることはなかった。しかし原子力発電の経済性が再認識される一方で、ユッカマウンテンに象徴されるワンススルー政策が袋小路に嵌り、中国やインドの台頭に押され、さすがアメリカのエネルギー資源確保にも赤信号が点りはじめたこの頃、持続可能な原子力発電を目指したサイクル路線への復帰が、新しいアメリカの潮流となりつつある。DOEは、先に国内での原子炉新設への積極助成策を打ち出すとともに、第4世代の原子炉開発（GEN-Ⅳ）プロジェクトの推進を世界に呼びかけていたが、さらに国内で進めていた先進核燃料サイクルイニシアティブ（AFCI）を強化、これを国際協力プロジェクトに格上げして、原子力界でのリーダーシップを回復しようと、活発な動きを見せている。

長らく冷たくあしらわれてきた日本の再処理にも、一転、アメリカの熱い目が注がれはじめた。最新の技術を駆使して、高度の保障措置、核物質防護を可能とした六ヶ所再処理工場は、アメリ

力が今後核燃料サイクル路線でリーダーシップを発揮してゆく上にも、絶好のモデルとなる。再処理・核燃料サイクルは、資源小国の日本社会が安定供給、環境の両面で持続的発展を遂げるための必須の条件であるが、それは全世界のエネルギー界が、明日の世界の持続的発展のために、真剣に追求してゆくべき命題でもあるのである。

[大きい「もんじゅ」再開の意義]

昨年春日本は、核燃料サイクルを堅持する非核兵器国として初めて、IAEAの総合保障措置適用国に指定され、自他共に「核拡散防止優等生」と認められる。この絶好の時期に六ヶ所再処理工場がウラン試験に入り、「もんじゅ」が再開される意義は大きい。

原子力平和利用事始めの第一回ジュネーブ会議から、半世紀を数える、節目のこの年。六ヶ所、敦賀のサイクル事業が順調に伸展し、「非核兵器国の、非核兵器国による、非核兵器世界のための原子力」を目指す被爆国日本の志が、大きく一歩を踏み出す、原子力ルネッサンス元年となることを、心から期待したい。

秋元勇巳とは、どういう男か？　日本原子力文化振興財団理事長で、核燃料である原発用ウランを商品とする三菱マテリアル株式会社の元社長で、現在は名誉顧問である（調べてみると、日本の原発にウラン燃料を供給しているのは、三菱財閥系では三菱重工業と三菱マテリアルとが大株主である子会社の（株）三菱原子燃料だった）。

109　2011年3月19日（土）

秋元勇巳

【学　歴】

1951年3月　東京文理科大学（現、筑波大学）化学科卒
1954年3月　同　特別研究生修了
1957年1月　理学博士
1958年-1960年　カリフォルニア大学ローレンス・バークレイ放射研究所客員研究員

【職　歴】

1954年4月　三菱金属鉱業（株）（現、三菱マテリアル（株））入社
1976年7月　原子力部長
1978年6月　取締役
1981年6月　常務取締役
1986年1月　専務取締役
1992年6月　取締役副社長
1994年6月　取締役社長
2000年6月　取締役会長
2003年6月　取締役相談役
2004年6月　名誉顧問（現在）
1997年10月　藍綬褒章受章

2003年11月　レジオン・ド・ヌール・シュバリエ受章

「一方産業技術の急速な進展に違和感を抱く反文明活動家達は、安全管理体制のゆるみが招いたチェルノブイリの暴走事故などを種にホラー・ストーリー作りに没頭し、大衆を原子力嫌悪の渦に巻き込もうとする」という、こうした文章は、まさに反原発派に対する敵意や悪意を剥き出しにしている。レジオン・ド・ヌール・シュバリエ受章者には似つかわしくない罵詈讒謗に近いものだ。「ホラー・ストーリー」とは、さだめし広瀬隆の『危険な話』や高木仁三郎の『原発事故はなぜ繰り返されるか』あたりを指しているのだろうが（そうした警世の書より、単に危機感を煽る高嶋哲夫あたりの小説だろうか？）、秋元勇巳は、今回の福島原発災害をいったいどのように見ているのだろうか。「安全管理体制のゆるみ？」、まさか！それは想定外の天変地異がもたらしたものであって、人力によっては如何ともしがたいものであったと、あっさり認めたほうが男らしいかもしれない。

要するに、秋元勇巳という男は、原子力商売、ウラン商売で金儲けをしようとする旧財閥企業の番頭（社長経験者だが）であって、世界の原発商売、原子力ビジネスを牛耳っているフランスから勲章を貰えるほどの"死の灰商人"だったのである。政治家・実業家・産業人・技術屋・学者などの有象無象が集まって、原発建設と推進で甘い蜜を吸っている連中を「原子力村」というのだそうだが、秋元勇巳はさしずめ、その「原子力村」の村長さんといったところだろう。死の灰と札束を身にまとったこんな男が、藍綬褒章もレジオン・ド・ヌール・シュバリエ章も、よく似合うことだろう。こんな男が、「原子力文化」などというい加減な文化の振興を担うだなんて！

まさに悪夢としか思えない戯画である。日本原子力文化振興財団の役員は以下の通り（同日本原子力文化振興財団のHP）。

理事長（非常勤）	秋元　勇巳	
副理事長	久米　雄二	電気事業連合会専務理事
〃	住田　健二	大阪大学名誉教授［元・原子力安全委員会委員長代理］
〃	服部　拓也	社団法人日本原子力産業協会理事長
専務理事（常勤）	横手　光洋	
常務理事（非常勤）	久保　稔	独立行政法人日本原子力研究開発機構執行役広報部長
〃	鈴木　道夫	財団法人電力中央研究所専務理事
〃	田端　米穂	東京大学名誉教授
〃	早野　敏美	社団法人日本電機工業会専務理事
〃	松原　純子	前原子力安全委員会委員長代理
〃	吉崎　清	社団法人本州鮭鱒増殖振興会専務理事［元・水産庁研究部漁場保全課課長］
理事	碧海　酉葵	消費生活アドバイザー
〃	加藤　進	住友商事株式会社取締役社長
〃	河瀬　一治	全国原子力発電所所在市町村協議会会長

北村　雅良	電源開発株式会社取締役社長
〃	〃
〃	〃
〃	〃
〃	〃
〃	〃
〃	〃
〃	〃
〃	〃
〃	〃
〃	〃
〃	〃
〃	〃
〃	〃
〃	〃
〃	〃
〃	〃
〃	〃
北村　行孝	東京農業大学教授
佐々木康人	社団法人日本アイソトープ協会常務理事
佐藤　守弘	社団法人茨城原子力協議会会長
清水　正孝	東京電力株式会社取締役社長
床山　悦彦	株式会社日立製作所相談役
白倉　三徳	富士電機システムズ株式会社代表取締役社長
玉川　寿夫	社団法人日本民間放送連盟常勤顧問
佃　和夫	三菱重工業株式会社取締役会長
豊田　有恒	作家・島根県立大学名誉教授
長瀧　重信	長崎大学名誉教授
中野　和恵	NPO法人あすかエネルギーフォーラム理事長
中原　弘道	東京都立大学名誉教授
並木　育朗	公益財団法人原子力環境整備促進・資金管理センター理事長
西田　厚聰	株式会社東芝取締役会長
林田　英治	社団法人日本鉄鋼連盟会長
藤　洋作	株式会社原子力安全システム研究所取締役社長・所長
古屋　廣高	九州大学名誉教授

2011年3月19日（土）

〃　　　　　村上　達也　　東海村村長
　　〃　　　　　森本　浩志　　日本原子力発電株式会社取締役社長
　　〃　　　　　八木　誠　　　関西電力株式会社取締役社長
監事　　　　　　岸田純之助　　財団法人日本総合研究所名誉会長
　〃（非常勤）　桝本　晃章　　社団法人日本動力協会会長

　　　　　　　　　　　　　　　　　　　　　　　　　　　　以上35名

これまでに出てきた名前としては、大阪大学名誉教授の**住田健二**、東京電力社長の**清水正孝**の2人がいる。原発メーカーとしては、日立、東芝、三菱がそろっており、それぞれの業界団体代表もそろっている。よくわけが分からないのは、社団法人本州鮭鱒増殖振興会専務理事という人物だが、サケ・マスの増殖に原発が何か関係があるのだろうかと思い悩むが、[元・水産庁研究部漁場保全課課長]という旧職名があって疑問は氷解する。原発が立地する場所は、福島や女川がそうであるように、もともとは漁村であり、漁港が近く、原発の建設には地元の漁民たちとの漁業権の交渉が必須であり、そこで、水産庁の漁場保全課長の出番となったのだろう。調停、仲介役といえば、聞こえはいいが、有り体にいえば、補償金や便宜の提供で、反対派を切り崩す役割が期待され、それに十分に応えたのが、この[元・水産庁研究部漁場保全課課長]だったのだろう。その功績は、日本原子力文化振興財団の常務理事という地位に値するのである。

　消費生活アドバイザー、全国原子力発電所所在市町村協議会会長、社団法人日本民間放送連盟常勤顧問、NPO法人あすかエネルギーフォーラム理事長、作家・島根県立大学名誉教授、東海村村長と

114

いうのも、直接的に「原子力村」の村民ではないのに、こんなところに雁首をそろえるなんていかがわしい限りだ。業界内外から駆り集められた「死の灰」の甘い蜜を嘗めてしまった人たちなのだ。

こうして、日本原子力文化振興財団は、行政・業界・民間の総力を集めて、原発推進の宣伝・広報に日夜努めている。2010年度の財団の収入は約9億円であり（原子力マネー、原子力予算のごく一部だろう）、この他に3億円あまりが、政府からの交付金として渡されている。その支出で注目されるのは、『朝日新聞』、『読売新聞』などへのコラム提供や大きな紙面広告、それに放送局への番組やCM提供、シンポジウムや講演会の主催など（『リング』などの小説家・**鈴木光司**、エジプト考古学者・**吉村作治**などが常連講師である）のマスメディアに対するアメだろう（麻薬といってもいいかもしれない）。『読売新聞』は、**正力松太郎**が初代の原子力委員会の委員長だったことからも明らかなように、原子力ビジネスそのものを日本に持ち込んだ張本人を祖と仰ぐ新聞社だからしようがないかもしれないが、どちらかというと革新的といわれる『朝日新聞』も、しっかり原子力マネーを受け取っているのである。反原子力、反原発が、日本の社会のなかでタブーとなっているのも、こうしたマスメディアに対する物量作戦が功を奏しているからである。

一見、中立的な立場を装って、原子力への恐怖心、不安感を拭い去るような一方的なプロパガンダに、これも努める。それに阿諛追従する文化人とか芸能人、スポーツ選手といった人たちは少なくない。その自由業という商売の不安定さを知っている私としては必ずしもそれらの人を非難することはできないのだが。理事のなかにSF作家の**豊田有恒**がいるが、**上坂冬子**、元朝日新聞記者・**大熊由起子**らが、この「日本原子力文化振興財団」の〝お抱え〟の物書きだったと、**広瀬隆**は指摘している。『原子力

に連載を持っている岸本葉子や、東電のCMでお馴染みのキャラクター・デンコちゃんの原作者の内田春菊らも、そうした人たちだろう。

結果的にいえば、私たちは自分たちの税金を使って（電気料金のなかにも入っているだろう）、危険きわまりない（これはもはや誰も否定できないだろう）原子力発電所の安全プロパガンダを吹き込まれているということになる。新聞、テレビといったマスメディアが、こうした財団の出す広告費や、電力会社の広報・広告費に目が眩んで、原発の本当の姿や、その危うさを報道しないようになるというのは、残念ながら事実なのである。どんな気骨のある記者やディレクターであっても、巨大スポンサーである電力会社などの意向を無視することなどはできない。とりわけ、民間テレビ放送局（NHKも、だが）は、アナウンサーや論説記者などが、原子力業界のしかるべきポストに就いたりするような事例もあって（木元教子が原子力委員になったり、福島敦子が、原子力安全キャンペーン講演の講師をしたりしている）、反原発的な番組どころか、原発の事故という客観的事実の報道さえなかなかできないのだ。

政界・財界・学会・マスコミを総動員して、反原発派を大津波のように押し流そうとしてきた日本原子力文化振興財団。その財団のHPに、放射線被害についての緊急情報がアップされた（3月18日）のは、彼らの一片の良心の表れだろうか、それとも今後行われるはずの盗人たけだけしい逆行キャンペーン（原発をこれぐらい（！）のことでヒステリックになって潰すな、という）や、アリバイ工作の布石なのだろうか「もんじゅ」や柏崎刈羽原発の事故の時も、結果的に原発の安全神話が証明されたと、彼らはキャンペーンした。単なるラッキーにすぎなかったのに！）。

もちろん、原子力産業、原発ビジネスの"公共広告"は、日本原子力文化振興財団の専任ではない。経済産業省の資源エネルギー庁の予算の何割かは、そうしたキャンペーンに使われているはずだし、各電力会社の広告費は厖大なものだろう（それは、電気料金としてしっかり私たちから徴収している）。東電柏崎発電所は今回の原発震災を受けて、月刊広報誌『ニューアトム』の休刊やイベントの中止を報じている、これまでこの原発が芸能人を呼んでの公演や映画上映会を頻繁に行っていたことを、あらためてそのHPで見ることができた。私たちは、私たちの金を使って、原子力産業に洗脳されているといって過言ではないのである。

3.20 2011

2011年3月20日（日）

2011年3月20日（日）

午後3時46分　1号機と2号機の建屋と外部電源を接続する作業が終わり、2号機への通電が始まった。東電は「今後、中央制御室の稼働が確認できれば、機能する機器を選別し、不具合の部品を交換できる」という。電源の復旧がまず第一のことだという**広瀬隆**の言葉が実証されたような報道だった。

消防庁と自衛隊による3号機、4号機への放水は続けられており、"焼け石に水"といわれながらも何とか格納器、プールに入った使用済み燃料棒を冷却しようとしている。

"日本沈没"寸前ともいえるこうした状況について、さすがに日本原子力学会も、事態を無視や黙殺することはできなかった。3月18日の日付で、こんな声明を学会会長の**辻倉米蔵**の名前でHPにアップした。

2011年3月18日
国民の皆様へ

東北地方太平洋沖地震における原子力災害について

日本原子力学会会長　辻倉米蔵

2011年3月11日に発生した東北地方太平洋沖地震において、多くの方々が犠牲となられ、また被災されましたことについて、心からお悔やみとお見舞いを申し上げます。

この激甚災害の中で、福島第一原子力発電所、福島第二原子力発電所ではマグニチュード9.0という巨大なエネルギーの地震による揺れと津波の被害を受けました。

これらの発電所では運転中の原子炉は設計どおり自動停止したものの、福島第一発電所では、非常用ディーゼル発電機が起動したにもかかわらず、すぐに停止し、外部電源を含めた全電源が喪失する事態に陥りました。その後の炉心冷却過程に於いて必死の機能回復操作にもかかわらず多量の放射性物質が環境に放出され、一般住民や関係者の放射線被ばくを招く結果となっています。

この事象は原子力災害特別措置法第15条の規定に基づいて通報され、内閣総理大臣が緊急事態宣言することにより、20万人を超える多くの住民の避難、屋内退避を伴う事態に至りました。

今回の地震の規模は当初の想定を超えており、また津波についても、近隣の相馬市で観測された津波の高さは7.3mを超えていることから、福島第一発電所においても想定をはるかに上回る津波が押し寄せたと考えられます。

この結果、非常用ディーゼル発電機が機能せず、冷却用海水系統も使用不能となりました。す

すなわち「止める」「冷やす」「閉じ込める」の安全機能の一部が破綻し、特に「冷やす」機能の喪失が燃料の破損を伴う深刻な事態を招いています。さらに炉心にある燃料はもちろんのこと、燃料保管プールに取り出されていた燃料も、冷却機能が失われた結果、燃料が破損する事態を招いています。

また、格納容器内の圧力低減操作も行われていますが、放射性物質や放射線を「閉じ込める」機能についても懸念される事態となっています。さらに原子炉建屋では発生した水素による爆発で建屋が破損する事態になっています。

情報の収集・分析、適切な助言、社会へのわかりやすい情報発信など、多くの専門分野にわたって果たすべき役割は山積しております。このような事態を収束させるために学会会員の各自が誠心誠意、役割を果たしているところです。

すでに学会の専門家集団が社会に対して説明を行うために平成22年から編成されていた「チーム110」（注）も活動していますし、放射線等の技術解説を一般の方々に向けて発信も行っています。引き続き外部からの要請に対して可能な限り協力する所存です。

そのほかにも事象の経緯、放射線や地震のデータの情報収集と整理分析を行って今回の事象に対する課題を検討し、研究開発等を通じて全力を尽くして社会に貢献する所存です。

さらに、この事象に対して教訓を抽出し、各機関や行政組織の施策に反映するために提言を行っていく必要があります。学会もこのために出来る限りの学術的、技術的な支援を行っていく所存です。

また、これらの活動を通して市民との対話や原子力に対する理解促進に努めてまいります。

今回の事態を収束させるために全力を尽くしておられる関係者の皆様を心から支援いたします。また、この災害にお住まいの退避を余儀なくされた皆様にお見舞いを申し上げます。

日本原子力学会はこの事態を、日本の原子力開発史上、最悪のものと受け止め、安全システムの抜本的な再構築をはじめ、あらゆる分野にわたって、学会員一丸となって、奮闘努力してまいります。原子力が人類のエネルギー問題解決に不可欠の技術であることに思いをいたし、私たちの果たすべき役割を全うしつつ、これからも社会の発展に寄与するよう新たな決意で取り組んで参ります。

注）「チーム110」：日本原子力学会が原子力施設における異常事象について専門家の見解が求められた場合に、独立した立場で速やかに判りやすい解説を行うために学会の広報情報委員会の中に置かれたチーム（2010・2から運用開始）

原発災害が引き起こされてから1週間目というのは、いかにも時期を失した感は免れないが、いまだ口を拭ったままというより、語るべき言葉さえ持たず、呆然としているような原子力安全・保安院、原子力委員会、原子力安全委員会、原子力文化振興財団などのHPの現状よりは、まだマシかもしれないと思わせる。しかし、この期に及んでも「原子力が人類のエネルギー問題解決に不可欠の技術であることを、問わず語りに語っている。」などと、原子力エネルギーに未練たらたらであることに思いをいたし」などと、原子力エネルギーに未練たらたらであることを、問わず語りに語っている。

2011年3月20日（日）

日本原子力文化振興財団のHPは、東北地方太平洋地震に関するページを立ち上げ、放射線の基礎知識を載せ、独立行政法人・放射線医学総合研究所のHPの「東北地方太平洋地震に伴い発生した原子力発電所被害に関する放射能分野の基礎知識」を転載している。内容はNHKが流している、窓を閉めて外出するな、とか、雨に当たるなとか、ヨウ素の入ったうがい薬は飲むなといった、基礎知識にもならないつまらないものだが、ようやく放射線被害に本気で向き合わなければならなくなった事態の深刻さを逆に示しているようだ。しかし、彼らが実質的には国民の税金、電気料金から莫大な金額を支出させ、金にあかして、反対派の口を封じ、御用学者や御用文化人たちには応分以上の見返りを与え、自らの身内にも大盤振る舞いをして、栄耀栄華を誇っていたことのツケは、やがてその身に返ってこないことはありえないのである。

3.21 2011

2011年3月21日（月）

2011年3月21日（月）

 厚生労働省は、20日、茨城県日立市の露地栽培のホウレンソウから暫定規制値の27倍、福島県の原乳から17倍の放射能を検出したと発表し、それを受けて**枝野官房長官**は、「摂取しても すぐに健康に影響はないだけでなく、将来も影響はでない」といって冷静な対応を呼びかけたが、結局、21日になって、茨城、群馬、栃木、福島産のホウレンソウとカキ菜、福島県の原乳に出荷を停止するように指示した。これが他の農産物、牛乳などに波及してゆくことは必至であり、これら以外の食料品についても、関東一円の産物は風評被害で大打撃を受けることは間違いない。

 地震・津波パニック、停電パニックを何とか乗り越えてきた日本国民だが、この放射能パニックは、どう耐えることができるだろうか。わが家の買い置きの食料、水も乏しくなってきた。近くのスーパーやコンビニでそれらを調達することができるだろうか。だんだん、心配になってきた。

ところで、日本のいわゆる政・財・学の馴れ合い集団である「原子力村」には、独立行政法・日本原子力研究開発機構というのもあるらしい。それに気づいて、さっそくＨＰを開いてみて、驚いた。そこに役員の一覧が出ていて、こうあったからだ。

理事長　**鈴木篤之**
【業務分掌】
機構業務の総理

副理事長　**辻倉米蔵**
【業務分掌】
機構業務の掌理
敦賀本部（敦賀本部長）

理事　**戸谷一夫**
【業務分掌】経営企画、財務、契約、産学連携、研究技術情報、システム計算科学

理事　**片山正一郎**
大洗研究開発センター

124

【業務分掌】
総務、監査、法務、安全統括、広報、建設、原子力緊急時支援・研修
青森研究開発センター

理事　**伊藤和元**
【業務分掌】
人事、労務、原子力人材育成
東京地区における敦賀本部高速増殖炉研究開発センターに関する業務を支援

理事　**岡田漱平**
【業務分掌】
国際、核不拡散科学技術、量子ビーム応用研究
核融合研究開発
那珂核融合研究所、高崎量子応用研究所、関西光科学研究所

理事　**三代真彰**
【業務分掌】
埋設事業推進、核燃料サイクル技術開発、地層処分研究開発、バックエンド推進

幌延深地層研究センター、東濃地科学センター、人形峠環境技術センター

理事　横溝英明
【業務分掌】
安全研究、先端基礎研究
原子力基礎工学研究
東海研究開発センター、J-PARCセンター

理事　野村茂雄
【業務分掌】
次世代原子力システム研究開発
敦賀本部（敦賀本部長代理）

監事　牛嶋博久
【業務分掌】
機構業務の監査

監事　山根芳文

【業務分掌】

機構業務の監査

現理事長は、福島第一原発の5号機や柏崎刈羽原発について、その耐震安全性を認めた原子力安全委員会の委員長で、東大工学部教授―原子力安全委員会委員長―財団法人エネルギー総合工学研究所理事長―原子力研究開発機構理事長と、渡り鳥のようにその業界の中枢の地位を飛び渡ってきた鈴木篤之なのである。まさに不死鳥のように、といいたくなるほど生命力の強い〝原子力渡り鳥〟なのだ。

「西洋的な合理主義がすべてではない。東洋的、生態学的な思想もある。西洋的と東洋的の間で二者択一ではなく、両者を包摂する『第3の知恵』を模索する必要がある」などと、およそ、原子力工学を専門とする科学者とは思えないようなことを口にするこの男は、「原子力村」の学界代表といってよく、この村の影の村長といってよい立場だろう。

副理事長は、先ほどその文章を引いた日本原子力学会の会長の辻倉米蔵。京都大学工学部出身で、関西電力の原子力事業本部副事業本部長を経て、現在の地位に就いている。その他の理事たちは、東大、東北大、大阪大などの出身で、文部科学省、通産省、原子力研究所などを経た、やはり〝原子力渡り鳥〟が多いのである。

「原発ジプシー」というのは、危険で、汚く、きつい原発の職場で使い捨てにされる下請け会社(「協力会社」というらしい)の、そのまた臨時雇いの下層労働者のこと(堀江邦夫『原発ジプシー』(現代書館)に由来する)をいうのだが、上層の部分にも「高級原発ジプシー」は、存在しているのである。

2011年3月21日（月）

東大、東北大、大阪大、京都大、東京工業大学などの工学部や原子力の研究所などを中心とした「原子力村」のアカデミー村落。東芝、日立、三菱重工、富士電機、日本鋼管、鹿島建設などの機械製造・土木建設部門の村落。東京電力をはじめとする9つの各電力会社（東京電力、北海道電力、東北電力、中部電力、北陸電力、中国電力、四国電力、九州電力――沖縄電力は原発を持たないので、ここからはずれる）の村落。内閣府、文部科学省、経済産業省、国土交通省、総務省などの官僚村落。こうした〝四位一体〟の原子力推進勢力が、時の政府中枢の権力と野合しながら、日本の原発ビジネスを牽引してきたのであり、そのとどのつまりが、日本列島を沈没させかねない今回の福島原発震災というカタストロフィー（破局）を引き起こしたのである。

彼らだけが勝手に破滅や滅亡の道を進んでゆくのならば、それはむしろ歓迎すべきことだろう。だが、そうした原発地獄、原子力地獄を現出させた最大の責任者、いや、犯罪者といってもよい彼ら（政治家・実業家・産業人・官僚・学者）たちは、安全で快適な場所でのうのうとしており、罪のない老若男女の塗炭の苦しみを漫然と、あるいは呆然と（彼らに少しでも良心があるならば）眺めているだけにすぎないのである（冷ややかな顔で、あるいは満面に朱をそそいで、彼らはいうだろう。「一体どうなるか私にも分からない。解決策があるなら教えてほしいぐらい」と）。

鈴木篤之の理事長就任にあたってのあいさつを、以下に掲げておこう。いかに彼が、悔い改めない〝原発派〟であるかが理解されるだろう（日本原子力研究開発機構のHP）。

このたび、8月17日付けをもって、日本原子力研究開発機構の第3代理事長を拝命することとなりました。

原子力機構は、旧原子力二法人（日本原子力研究所並びに核燃料サイクル開発機構）の長い歴史と業績を基にして、平成17年10月、我が国唯一の原子力に関する総合的な研究開発機関として発足しました。これまで、原子力機構が、第1期中期計画期間を通じて国民の皆さまをはじめ、国内外の関係者の皆さまの期待に応えられる確かな研究開発の成果、さらに安全と信頼を大前提とした効果的、効率的な研究開発組織運営の礎を築いてきたことに関して、元理事長、岡﨑俊雄前理事長ご両人の献身的なご尽力に感謝申し上げます。私は、原子力機構発足により新たに築かれてきているこれらの伝統をしっかりと引き継ぎ、私自身の経験も活かして第2期中期計画の達成に全身全霊を傾注してまいる所存です。

昨今、エネルギー安全保障と地球環境問題が重要な課題として認識されておりますが、私は、原子力技術がこれからの人類の持続的な発展を支えていく上で果たすべき役割が極めて大きいものと確信しています。グリーン・イノベーションやライフ・イノベーションを骨格とした政府の国家成長戦略においても、我が国の持続的発展の基幹となるのがエネルギーの安定確保と科学技術の振興であり、その中にあって原子力の研究開発を行っている原子力機構の使命はますます重要なものになっていくと考えています。

今年度開始した第2期中期計画では、安全と信頼を大前提として、「もんじゅ」をはじめとす

る原子力エネルギーに関する研究開発を中心に、引き続き主要事業への重点化を行い、研究開発成果を着実にあげていくとともに、一層のマネジメント強化を行い、計画的かつ効率的で透明性のある事業運営を目指します。また、国内外の原子力人材の育成、国際的な原子力安全、核物質防護及び核不拡散のための諸活動に対し、技術面、人材面において積極的に参画し、総合的研究開発機関として貢献してまいります。

全国11ヶ所に研究拠点を置く原子力機構の事業は、拠点立地地域の皆さまをはじめ、国民の皆さまのご理解なくしては成り立ちません。原子力機構に対して、皆さまの一層のご支援とご指導を賜りますよう、宜しくお願い申し上げます。

（平成22年8月17日）

独立行政法人　日本原子力研究開発機構

理事長　鈴木　篤之

この鈴木篤之という男のことを調べて、次々と驚くべきことが分かってきた。彼は「核燃料サイクル工学」が専門であると称しているが、これはプルサーマル計画のように、核燃料を使い回して無限のエネルギー源にしようという途方もない夢でしかないと思う。前々世紀の空想的科学者の間では「永久運動」の夢が彼らをとらえた。一回だけエネルギーを注入すれば、その運動がさらにエネルギーを生み出し、永久に運動し続けるという空想的科学。それはすでにエントロピーの法則の原理によって不可能なことが決定的になっているのに、まだ、そんな永遠のエネルギー源を夢見ているマッド・

130

サイエンティストがいるとは！

彼には、『プルトニウム』（ERC出版、1994年3月10日）という稀代の悪書というか、"トンデモ本"といわれている著書がある。アマゾンでそれを手に入れた私は、彼がプルトニウムという物質にフェティシズム的な愛着を持っていることに、あらためて気がつかされた。"無知"な反原発を唱える連中によって、プルトニウムは、悪魔の権化、毒薬の巨魁、天地も許さぬ激甚な災厄をもたらすものとして罵詈讒謗に晒されているが、もっと"冷静"にその有用性や毒性を"科学的"に考えようというのが、彼のスタンスである。

風評被害からプルトニウムを守り、擁護すること。この"博士の異常な愛情"は、プルトニウムが、いかにエネルギー効率のよい核燃料であるかとか、再利用が可能なエネルギー源であるかとか、ラジウムと較べていかに毒性が少ないかを"科学的"に証明し、弁護しようとしているのである。素人考えでも、放射能をわざわざ作る必要はない。

自然放射能や医療用放射線は別として、それは本来はゼロであることが求められるのであり、ゼロのものと較べて、プルトニウムがどれだけ害があるかを比較するなら分かるが、こっちのほうがもっと害があると、"悪玉"ラジウム（キュリー夫人を倒した）を持ってきて、"善玉"プルトニウムを擁護するというのは、論理的におかしい。泥棒を捕まえたら、いや、人殺しのほうがもっと悪いとして、泥棒を弁護するようなものだ。子どもでも分かるこんな道理を、東大名誉教授で、原子力安全委員会の委員長を務め、現在、日本原子力研究開発機構の理事長を務める**鈴木篤之**は、気がついていないのである。

131　2011年3月21日（月）

「ラジウムにせよプルトニウムにせよ専門的にはその安全性に十分に留意する必要があるが、一般の人々に対しプルトニウムはラジウムとは比べものにならないほど危ないという印象を与えてしまっているのは残念なことである」

私は、こんな歪な〝愛情〟をプルトニウムに持っている原子力学者が、原発の安全性を監視する公的役割の原子力安全委員会の委員長をしていて、原子力の安全性にお墨付きを与えるどころか、それを推進、援護、援助していたことについて、まことに〝本当に残念なことである〟といわざるをえないのだ（彼はプルトニウムと心中すればよいのではないだろうか？　ちなみに、プルトニウムという名前は、冥王星、プルートに由来する——冥界の王様だ！）。

このプルトニウム擁護の害悪を垂れ流す本の共著者は、**坂田東一**（科学技術庁研究開発局宇宙企画課長）、**半田宗男**（日本原子力研究所燃料部次長）、**松岡理**（財団法人電力中央研究所研究顧問）、**菊池三郎**（動力炉・核燃料開発事業団企画部長）、**宮崎慶次**（大阪大学工学部教授）、**元田謙**（財団法人核物質管理センター専務理事）である（肩書きは、刊行当時のもの）。

再処理工場、最終処理工場ができないままに、見切り発車されたプルサーマル燃料による発電計画。それを学界の側で懸命に推し進めようとしているのが、東大「原子力工学科」出身の原子力学者たちにほかならないのである。本来なら、あくまでも利益や収益を追求する原子力産業、原発ビジネスに対して、安全性の面からブレーキ役とならなければならない学界やお役所が、ビジネスマンたちとまったく同じ位相にいて、ひたすらアクセルを踏み続けているという構図は、恐怖さえ覚えさせるもの

だ。現実の事故、東海村のJCOでの被曝による死者が出ても、それが彼らの不用意で、ルール違反による事故であると言い繕って、片時もその暴走のスピードを緩めようとさえしないのだ。

それは、ブレーキ役の原子力安全委員会の委員長と、アクセル役の原子力研究開発機構の理事長という、本来はむしろ対立的であるべき立場に、同一人物が立つ（むろん、時間差はあるが）というグロテスクな構図に象徴されている。さらにいうと、2代目の理事長の**岡﨑俊雄**が死去して空席になった原子力推進の司令的なポストに、自ら公募に応募し、自己推薦によって、なりふり構わずに就いた**鈴木篤之**の異常とも思える精神構造が、そのすべての狂気ぶりを表現しているともいえる。その狂走の果てが、今回の福島第一原発の原発震災であることはいうまでもないのである。

3.22 2011

2011年3月22日（火）

妻と2人で近くのスーパーに買い出しに出る。ペットボトルの水と、おかずの類の食料品が乏しくなったからだ。朝から雨が降っていて、放射能を含んだ（たぶん、いや、絶対に！）雨に濡れたくなかったので、雨の止んだ間に車で出かけたのである。相変わらず、あっちの通り、こっちの小道と工事中の道路が多く、遠回りしてスーパーへ行く。

節電のため店内はいつもより薄暗く、商品の棚は隙間も目立っていた。しかし、前には売り切れ状態だった豆腐や、うどん、ラーメンの袋もそこそこにあって、供給は回復しているらしい。しかし、お目当てのおかずとなりそうな缶詰類、サバ缶とかさンマの蒲焼き缶などは一個もなく、シーチキンだけがふて腐れたように（？）棚に残っていた。

水、お茶のペットボトル、リンゴ・ジュース、即席カレー、リンゴ、イチゴ、グレープフルーツ、菓子パンなどを買うと買い物籠がいっぱいになってしまった。雨がまた降り出さない

ちにと、急いで家に帰った。

ベランダのいつもの場所に外猫（野良猫）の青太（アオタ、瞳が青い色をしていたので、そう呼ぶようになった。メス猫らしい。警戒心が強く、うちの庭やベランダに来るようになって1年ほども経つのにまだ馴れない）が来たので、猫缶を開けてエサをやった。濡れているようで、ああ、放射能に汚染されてしまったかと、可哀想な気持ちになったが、どうしようもない。青太の残り物を、太った横柄な黄助（キスケ、黄色い大型のオス猫）が食べている。可愛くないので、いつもはしっしっと追い払うのだが、今日は何となく同情的になって、そのまま食べさせてやった。

テレビや新聞では、ホウレンソウやカキ菜、原乳や海水から放射能が検出されたと騒いでいるが、1〜4号機があんな調子で（本書表紙・カバー写真参照）、放射能が出ていないはずはなく、何を今さら騒いでるんだろうと、冷めた気持ちだ。ホウレンソウが汚染されているのなら、レタスだって、白菜だって、キャベツだって、トマトだって、みんなダメで、ネギや根菜類も、放射能雲から降ってきた放射能雨が土に染み込んで早晩福島、茨城、栃木、群馬などの関東のものは全部ダメだろう。風評被害ではなく、本当の放射能汚染だからどうしようもない。魚介類もダメだ。ただ、天罰覿面というところだろうが、そうではない漁民、農民は本当に可哀想だ。福島原発に漁業権を売り渡した人間は、こちらも安泰ということなのだけれど。

同情する余裕があるうちは、

今回の震災を天罰だとほざいた**石原慎太郎**東京都知事が、その大失言を補うために（選挙対策だろう）、ある大臣が、消防官にいったという「（速やかに出動しなければ）処分する」という言葉をとらえて、**菅総理**（と**海江田経産相**）にネジ込んだそうだ。自分の放言、暴言には決して謝ろうとも、責

2011年3月22日（火）

任を取ろうともしない男が、他人に対してはこんなに居丈高になるものかと、小人たる本質を見るようで不快な気持ちになる。こんな男がもう一度都知事になってしまうかと思うと、それこそ東京都民に下された「天罰」だろう(そんな男に投票した都民が多かったということで)。

ところで、老朽原発の建て替えもままならず、JCOの人命事故、高速増殖炉「もんじゅ」は運転中止、柏崎刈羽原発の事故、そしていくつもの内部告発によってその杜撰さや隠蔽体質、欺瞞が表面化して、しばらく沈滞を余儀なくされていた原発業界が元気になったのは、地球温暖化問題で、CO_2の削減の問題がにわかに高まったことを奇貨として出された2005(平成17)年度の「原子力関係施策の基本的考え方」だったと考えられる。それは、以下の通りだ(原子力委員会のHP)。

平成17年度の原子力関係施策の基本的考え方
平成16年6月1日 原子力委員会

1. 基本的考え方

原子力発電は、国内にエネルギー資源が乏しく、その大部分を海外からの輸入に依存する我が国にとって、エネルギー供給の安定性向上に寄与し国の持続的な発展基盤となる重要な電源であり、これまでその供給の拡大が図られてきた結果、現在は電力供給の1/3を占め、基幹電源の一つに位置づけられている。原子力発電に係る現在の主要課題は、原子力発電の信頼性、経済性を一層向上させるとともに、使用済燃料を再処理して回収されるプルトニウムの軽水炉における

利用を含む核燃料サイクルのバックエンド事業への取り組みを進めることである。

近年、温室効果ガスによる地球温暖化の進行に対する懸念の高まりから、国際社会全体として化石燃料依存を低減させる努力が求められており、その手段として有力な原子力発電の重要性が高まりつつある。原子力先進国である我が国は、内外における原子力発電の着実な進展に貢献するとともに、国の持続的な発展基盤として必要不可欠な核燃料サイクル技術を含む原子力発電技術の高度化を目指した研究開発や原子力の非電力利用に関する研究開発、そして、将来において有力なエネルギー生産技術となる可能性を有する核融合に関する研究開発を推進していくのが適切である。

また、原子力研究開発施設として整備している研究用原子炉、加速器等は、上述の原子力エネルギーに関する研究開発はもとより、ライフサイエンスやナノテクノロジーなどの我が国の今後の発展基盤の形成に寄与することが期待されている基礎科学技術の研究開発に欠かせない研究（技術革新）インフラとなっている。そこで、今後ともこれらの維持・整備を図っていくべきである。

さらに、原子炉や加速器等から発生する放射線や製造される放射性物質は、現在、医療・工業・農業・食品安全確保等の様々な分野で利用され、国民の生活の質の向上に貢献している。また、このような利用技術とその科学の普及は、国際協力の重要課題にもなっており、開発途上国の発展に貢献している。そこで、これらの着実な進展に向けて適切な制度・誘導施策を講じていくべきである。

国際社会においては、ITER計画や次世代原子力システムの研究開発活動のように、多くの国々が連携・協力して原子力の研究開発を行う動きが広がりつつある。我が国としても、研究開発資源を効果的かつ効率的に活用する観点から、このような国際的な活動の中核となることを含め、これらに連携していくことが重要である。

また、我が国は原子力の研究開発利用に平和の目的に限り、保障措置の確実な履行等、国際約束を遵守してきているが、今後とも国際機関や関係国と連携・協力して、国際的な核不拡散体制の強化に積極的に貢献することが重要である。

安全確保を大前提とした原子力開発利用の円滑な推進のためには、東電問題等によって立地地域の住民をはじめとする国民の間で高まった原子力に対する不信感を克服して信頼を回復していく必要がある。このため、国及び事業者は、積極的な情報の公開・提供に努めるとともに、広聴・広報活動の強化を図ることが重要である。また、事業者は、原子力事業のあらゆる分野でリスクコミュニケーションを含むリスク管理活動及びその品質保証体制の充実を図り、国は、安全規制活動における基準の明確化や規制活動の充実及びその説明責任の向上を図って、国民との相互理解を深める努力を行っていくべきである。

また、原子力施設の事業者と地域社会が共に発展し共存共栄するという「共生」の考えが重要である。このための電源三法交付金等国の電源立地促進策については、地域の自立的発展により役立つものとすることが重要である。

2．平成17年度の施策の重点化事項

以上の基本的考え方を踏まえて、平成17年度の原子力関係施策の重点化事項を次のように定める。

2・1　原子力発電と核燃料サイクル

地球温暖化対策等に寄与する原子力発電が、長期にわたって我が国のエネルギー自給率の向上に役立つ基幹電源であり続けるよう、国は、事業者に対して核燃料サイクルのバックエンド対策を含む原子力発電事業の安全性、安定性、経済性の維持・向上に努めることを求めるとともに、これらに必要な環境整備を図る。

○ 原子力安全確保対策に万全を期すとともに、原子力防災資機材の整備、各種マニュアルの作成・見直し等の防災対策の推進。
○ 高レベル放射性廃棄物の安全な地層処分に向けた取り組みの実施。
○ 全炉心にMOX燃料を装荷することに伴い必要となる軽水炉技術開発、ウラン濃縮事業の高度化に向けた技術開発、MOX燃料加工技術の確証試験、安全性・経済性を一層向上させる研究開発の支援。
○ 平成15年度下期に創設した、従来の交付金制度を統合し幅広く効果的に利用できる電源立地地域対策交付金制度に基づく、地域、社会の発展のための様々なニーズへの対応。

2・2　高速増殖炉サイクル等、原子力エネルギー利用技術の多様な展開

原子力エネルギー利用技術の一層の高度化を図る高速増殖炉とその核燃料サイクルや、その水

素製造など非電力分野への利用も可能にする高温ガス炉等の革新的原子炉、核融合等に関する研究開発を国際協力も活用して効果的かつ効率的に推進する。
○ 高速増殖原型炉「もんじゅ」については、地元の理解を得つつ推進。FBRサイクル実用化戦略調査研究については、中間評価の結果を踏まえ、実用化に向けた研究開発を適正な規模で効率的に推進。
○ 核融合研究については、国際熱核融合実験炉（ITER）計画を進めるとともに、国内の研究組織が有機的に連携する体制を構築し、適正な規模で効率的に推進。
○ 産学官連携による原子力エネルギー利用推進に有用な革新技術の開拓を行う提案公募事業を推進。

2・3 国民生活に貢献する原子力科学技術
原子力研究開発や最先端の科学技術活動に欠かせない加速器や原子炉等を維持・整備し、効果的に科学技術の発展に供するとともに、これらの成果を国民生活の質及び人類社会の福祉の向上に貢献するよう普及を図る。また、これらの活動に必要な人材育成を推進する。
○ 原子力に関する基礎基盤研究を効率的に推進。
○ 最先端科学技術の研究開発に欠かせない研究（技術革新）インフラの維持・整備を図る。大強度陽子加速器計画（J－PARC）については、建設を着実に進めるとともにこれを用いた研究体制の整備を図る。
○ 医療分野において重粒子線がん治療研究等を推進。

○ 食料の安定・安全な供給に貢献するため、放射線育種等の放射線利用技術の開発や病害虫根絶事業を実施。
○ 原子力の研究開発及びその利用を安全かつ着実に進めていくためには、人材の育成・確保が重要な課題であり、特に、大学における教育・研究がその中核になるものと認識。原子力新法人と連携した大学への教育・研究への支援を推進。

2・4　原子力研究開発利用に関する国際協力

相互裨益の観点に立ってアジア地域をはじめとする二国間及び多国間協力活動を推進するとともに、内外の原子力利用の進展や人類社会の福祉の向上に役立つ国際共同活動を推進する。

○ ITERの我が国への誘致の実現を図り、関係国と協力しつつITER計画を推進。
○ 研究開発資源を効果的かつ効率的に活用する観点から、「第4世代原子力システムに関する国際フォーラム」（GIF）、国際原子力研究イニシアティブ（I－NERI）などの国際的な分担協力活動を実施。
○ 国際協調の観点から国際原子力機関（IAEA）等の国際プロジェクトに貢献。
○ アジア原子力協力フォーラム（FNCA）を活用し、原子力政策及び放射線利用等技術協力に関する国際協力を推進。

2・5　核不拡散の国際的課題に関する取組

国際社会における原子力の平和利用の進展に欠かせない国際核不拡散体制の有効性の維持・強化に貢献する。

○ 核兵器不拡散条約、日・IAEA保障措置協定等に基づき我が国に課せられた国際的な義務である保障措置を着実に実施。

○ 多国間及びIAEA等の国際機関の核兵器不拡散対策の充実向上に向けた活動への協力。

2・6　原子力安全確保の高度化

安全確保を大前提とした原子力の研究開発利用を進めるために、規制当局は規制基準を明確化しつつ、効果的かつ効率的な規制活動の推進をはかるとともに、社会技術としてのリスク管理技術やリスクコミュニケーション技術等に関する研究及び安全規制活動の充実に資する研究等安心の醸成、安全な社会を構築するための活動を実施する。

○ 規制システムの高度化のため、安全目標の検討を踏まえた性能目標の策定に向けた取組みを進めるとともに、リスク情報や品質保証システムの効果的な適用のための検討を本格化。

○ 原子力安全確保に向けて特に必要な研究成果を得るために重点的に進めるべき研究を提示した「原子力の重点安全研究計画」（平成16年7月頃決定予定）を着実に実施するとともに、安全に係る知的基盤を一層強化。

2・7　国民・社会と原子力の調和のための取組

国・事業者は説明責任を果たし、「広聴・広報活動」を推進することなどを通じて、国民との相互理解を深めるとともに、立地地域における安心の醸成を図る。

○ 広聴・広報活動の一層の強化。

○ 双方向コミュニケーションを強化するとともに、電力の生産地と消費地の相互理解支援を充実。

○ 情報提供の徹底。原子力に関わる情報が分かりやすい形で提供される方策の工夫に努める。エネルギー・原子力教育の充実等に努める。
○ 規制制度、安全確保対策や災害対策についての適切な説明に努める。
○ 市民参加型の懇談会を引き続き開催し、原子力政策の策定プロセスへの市民参加を促進。

原発の新設も、既成原発の原子炉の増設も、「もんじゅ」の運転も、六ヶ所村の使用済み核燃料の再処理工場も、貯蔵の巨大な燃料プールも、プルトニウムとウランの抽出も、原子力産業への支援も、大学・大学院における「原子力工学」の講義も、海外への原発建設の売り込みも、何でもやってしまおうという、まさに盛り沢山の「原子力村」のドリームが満載された文書だったのである。

これは、原子力委員会の委員長が国務大臣でなければならなかったことから、内閣府の審議会の一つとして、民間人が登用されることになった変化に連動したものかもしれない。もちろん、民間の委員長が、原子力国策を大きくカーヴさせるような力を持っているはずがない。

東大教授・**近藤駿介**委員長の下で、この文書が発表されたのは、経産省、資源エネルギー庁の官僚の作文が、そのまま原子力委員会の名前で出されることになったというだけだ。裁判員裁判の制度と同じように、民間人や市民の感覚を取り入れるという美辞麗句の下に、「原子力村」の政・財・官・学、そして地元への利益誘導という地方政治家たちの、バラ色の夢が実現しようとしていたのである、3月11日の、あの悪夢の日までは。

こうした原子力委員会の声明に、すぐに呼応して次々とそれを認可し、お墨付き入りとして推進し

2011年3月22日（火）

ていったのは、経産省の下にある原子力安全・保安院である。以下はその「ニュースリリース」である。

平成19年7月4日　経済産業省　原子力安全・保安院

中部電力株式会社浜岡原子力発電所4号炉におけるプルサーマルの実施に係る原子炉設置変更許可について

中部電力株式会社から申請のありました、浜岡原子力発電所4号炉におけるプルサーマルの実施に係る原子炉の設置変更については、本日、核原料物質、核燃料物質及び原子炉の規制に関する法律第26条第1項の規定に基づき許可しましたのでお知らせします。

1．これまでの主な経緯

平成18年3月3日　　原子炉設置変更許可申請
（平成18年11月22日　一部補正）
平成18年12月15日　原子力安全委員会及び原子力委員会に諮問
平成19年6月25日　原子力安全委員会　答申
6月26日　原子力委員会　答申
7月3日　文部科学大臣　同意
7月4日　設置変更許可

2．原子炉設置変更許可の概要

144

以下の変更については、原子力安全委員会が定める指針等に基づき審査を行い、当該変更後の原子炉施設においても災害の防止上支障がないものと判断した。

（1）ウラン・プルトニウム混合酸化物燃料（MOX燃料）の採用
・4号炉において、燃料集合体764体のうち、MOX燃料集合体を取替燃料の一部として最大312体装荷する。

（2）MOX燃料の採用に伴う変更
・既設の5号炉燃料プール（1号～5号炉共用）に4号炉の使用済MOX燃料を貯蔵する。
・既設のキャスク※置場（1号～5号炉共用）に、MOX新燃料の入った輸送容器及び取出後の輸送容器を一時保管する。（※キャスク：使用済燃料輸送容器）

駿河湾を震源とする直下型地震が、ここ何年間のうちに必ず来ると予想されている、まるで豆腐のように脆い地面の上に建てられているという中部電力の浜岡原発の4号炉で、プルサーマルを実施することを〝原子力安全・保安院〟が、「災害の防止上支障がないものと判断」して、許可するというのである。もちろん、原子力委員会に諮問して、答申を受け、原子力安全委員会も答申を出したのである。

反対派や懐疑派の意見は、おそらく一顧だにされなかったのだろう。それは「産業技術の急速な進展に違和感を抱く反文明活動家達」が無意味に騒ぎ立てるだけの騒音にほかならず、彼らは非科学的な「ホラー・ストーリー」をデッチ上げ、未来の日本のエネルギーを担うプルサーマルや高速増殖炉

2011年3月22日（火）

に対して、感情的で、怨念的な憎悪を燃やしているだけなのである——そう、「原子力村」の、日本のエリート集団を自任する彼らは、本気でそう思っていたのである。

これまでに、日本の原子力政策、原子力行政を見直す契機は、一度もなかったのだろうか。少なくとも、三度はあったと思われる。一度は1995年12月8日の高速増殖炉「もんじゅ」のナトリウム火災事故、二度目は、1999年9月30日の東海村のJCO事故、そして三度目は、ごく最近といえる、柏崎刈羽原発での事故である。

2007年7月16日10時13分、新潟県中越地方でマグニチュード6の地震があった。同25分、柏崎刈羽原子力発電所で3号機建屋の変圧器からの出火があった。運転中の2、3、4、7号機の原子炉は地震によって急停止していたが、地震のためポンプから水が出ないなどのトラブルがあり、内部消火に手間取り、消防車の出動を要請してようやく鎮火した。しかし、地震の揺れによる建物や設備の損傷があり、少量の放射能漏れがあり、原発の安全神話を傷つけることになった（もともとそれは、「神話」にすぎなかったのだけれど）。

さらに、原発側は報告すべきトラブルや建物の損傷、ミスなどを国に報告せず、電力会社の欺瞞体質だとして、市民や反原発派の人から強い糾弾を受けたのである。しかし、結果的には、電力会社、原子力安全・保安院などは、むしろ逆に居直りともいえる態度に終始した。それは原発の安全神話を損ねないために、原発事故を絶対に認めないという国家の原子力政策にも関わるものだったからだ。

彼らは、事故という言葉を事象といい換える。まるで、戦時中に敗北を「転戦」、全滅を「玉砕」、戦

死を「散華」といい換えたように。

敗戦を目の前にしながら、戦艦武蔵と大和を先頭にして堂々の隊列を組んで死地に赴く連合艦隊と、日本の原子力発電所の有り様をオーバーラップさせるいい方がある。外側だけを見れば、それは威風堂々とした頼もしい海軍力と見える。しかし、その内実はハードもソフト面もぼろぼろであり、いつ沈没、転覆してもおかしくない危機的な状態にある。

だが、その艦内に巣くうネズミたちは、分け前のパイを囓り合うことに夢中で、浸水し始めた艦隊の様子を振り返る余裕すらないといえるのだ。

卑怯なのは、彼らはそうした事実や、危機的状況を自分たちだけで隠し合い、かばい合うだけでなく、積極的に一般の人たちを瞞着しようすることだ。原子力安全・保安院は、柏崎刈羽原発の震災を受けて、いかにも中立的な立場のような顔つきで、地元の人たちへの説明会を開き、そこでのアンケート調査や、Q&Aを公開している。次のように（原子力安全・保安院のHP）。

Q．2−1
そもそも設計地震動を超えた地震動を原発建屋は受けている。まず、設計基準が誤りであったことを明らかにするべきではないか。

A．2−1
1．中越沖地震では、原子炉建屋の基礎版上等の観測記録が、基準地震動による設計応答値を超えたが、地震時及び地震直後において原子炉を「止める」、「冷やす」、放射性物質を「閉じこ

147　2011年3月22日（火）

めるに係る安全機能は保持されています。

2．地震については、近年、様々な知見が新たに得られている。中越沖地震では、想定していた以上の揺れが観測されている。このような最新の事象・知見に照らせば、かつての評価が現時点で見れば不十分だったことは否定できないが、審査は当時の知見に基づき最善を尽くしたものです。

3．耐震安全性評価では、中越沖地震による観測記録が設計応答値を超えた要因等も考慮して新たに策定された基準地震動Ssに対して、1号機、5号機、6号機及び7号機の耐震安全性が確保されていることを確認しており、他号機についても引き続き確認作業を進めることにしています。

4．なお、当院は、新たな知見を原子力施設の耐震安全性の評価に反映する具体的な仕組みを整備し、新たな知見の反映のプロセス及びその結果について透明性を確保し、耐震安全性に係る信頼性の一層の向上を図っています。

Q：11-3
こんなに無理（例としてミルシートを持ち出すなど）をしながら〝安全〟としなければいけないこの原発は廃炉にすべきと考える。廃炉も考慮に入れた点検・結果はありえないのか。

A：11-3

1．中越沖地震の柏崎刈羽原子力発電所における地震動は、設計時の基準地震動を上回るもので

148

あったことから、当該地震が個々の設備に与えた影響については、詳細な点検や解析を実施した上で慎重に評価することとしています。

2．個別の設備について、東京電力が点検した結果、機能に影響があった場合は、東京電力は適切に取替等を実施しています。

3．国は、専門家からなる審議会等において、これら東京電力が実施した点検や解析等の取組状況を厳格に確認しているところです。

4・5号機については、厳格に確認した結果、設備の健全性は維持されており、プラントを起動した状態で行うプラント全体の機能試験に進むことは、設備健全性の観点から問題ないものと判断しました。

質問の本質的部分を巧みに回避しながら、既定の方針を少しも変更しないという頑なな姿勢を変えようとはしない官僚的な答弁の見本のようなものだろう。「設計基準」の誤りを認めることは、無謬であるべき原子力の安全政策を覆すものであるから、それを此細な点においても肯定せず、ひたすら、結果的な致命的、破滅的クライシスを免れたことを主張する（それが奇跡的な幸運であることを語らずに。だが、二度あることは、三度あったのである）。

彼らの一番嫌がる言葉が、運転中止であり、廃炉である。福島第一原発の原発震災において、初動の防災活動が遅れたのは、海水を注入することによって、原子炉が使いものにならなくなり、廃炉としなければならないという懸念が先立ったからだったという。**清水社長が名古屋に出張中で、原子力・**

2011年3月22日（火）

立地本部長を兼ねる副社長の**武藤栄**には、巨額な経済的損失が確実な、そんな重大な決断が下せるはずがなかったのだ（社長としても同じだろうが――しかし、その逡巡がさらに被害金額を厖大にすることに、彼らは思い至らなかったのである。しがないサラリーマンの小人根性によって）。

経営上の問題もあったのだろうが、「原子力村」の村人たちには「廃炉」という選択と決断も、そうした言葉もタブーだったからではないか。海水放水を決断したのは、ぐずぐずと事態を悪化させるだけの東電側に対して、業を煮やした**菅**首相の鶴の一声で決まったといわれる。東電、それを指揮する経済産業省、その下の原子力安全・保安院（保身院？）では、廃炉という選択肢は、日本列島が沈没してもありえなかったものなのである。

だから、記者質問に「廃炉」という言葉が出ても、まともにそれに答えることは出来ない（肯定はもちろん、否定もいえないのだ）。「慎重に」「適切に」「厳格に」と言葉を重ねながら、結果的には何も変えない、しないという不作為を表明しているだけなのである。地元住民との対話やアンケートやQ&Aが、単なるアリバイ工作に使われていることは明らかであり、反対派住人たちへ対するガス抜き効果を狙ったものであることが露骨に示されている。

しかし、そうした「原力子村」の姑息な幕引きに、わざわざエールを送ろうとする御用学者たちのグループもいる、次のような（日本機械学会のHP）。

中越沖地震の柏崎刈羽原子力発電所への影響評価研究分科会

主査 岡本孝司

副主査 奈良林直
副主査 高木敏行
日本機械学会動力エネルギーシステム部門

（1）背景と目的
第1報の結論
1. 柏崎刈羽原子力発電所は大規模な地震に見舞われましたが、安全の根幹となる「止める」「冷やす」「閉じ込める」の3点は達成され、安全性は保たれたと判断されます。
2. 一部、極微量の放射性物質が環境に放出されましたが、その量は無視できるほど小さく環境への影響は全く無いと考えられます。
3. 原子炉安全設計の考え方について、得られた事象を評価し、より良い設計に反映していくことが重要であると考えています。
4. 数多くの不適合事象は、技術的な観点からフィードバックをかけてより安全なプラントを目指す努力を継続する必要があると考えています。

日本機械学会というのが、どんな学会であるのかは知らないが、この報告を出した「中越沖地震の柏崎刈羽原子力発電所への影響評価研究分科会」の主査・**岡本孝司**は、東大工学部原子力工学科を卒業し、三菱重工業に入社し、神戸造船所に勤務したあと、母校の東大へ戻り、現在東大大学院新領域

創成科学研究科教授となった男である。何の目的、誰からの依頼で、こんな御用報告をしたのか分からないが、**鈴木篤之**、**近藤駿介**、**班目春樹**などの〝御用学者〟が輩出（排出！）した東大「原子力工学」出身とあれば、いわずと知れたものだ。

この男が、今回の原発震災を報ずるNHKのニュース番組に出てきて、福島原発の原子炉の壊れ方の状態をとくとくと解説していた。「一部、極微量の放射性物質が環境に放出されましたが、その量は無視できるほど小さく環境への影響は全く無いと考えられます」と、彼は柏崎原発事故の時に言い放った。それが嘘八百であることはすでに証明済みである。いくら人材がいないといって、こんな男を画面に出すNHKは、ほとほと「原子力村」の汚染度を知らないお公家集団だなと思う（あるいは確信的共犯者かもしれない。頻繁にテレビ画面に出てくる**小島倫之**解説委員なども）。

経営評論家の**大前研一**は、東工大大学院の原子核工学科を出て、マサチューセッツ工科大学で原子力工学課程の博士学位を取得し、日立製作所で高速増殖炉の設計をしていたという経歴の持ち主だが、『BPnet』に連載中の「[産業突然死]時代の人生論」の「柏崎原発・褒めるべき点・反省すべき点」（２００７年８月１日）という文章で、地震の際も原子炉に制御棒が下りてきて直ちに炉心の活動が整然とストップした点を賞讃しながら、次の３点を反省・改善点としていた。

① プラント全体の耐震設計が抜け落ちていた。
② 個々の機器の吟味が足りなかった。
③ 情報発信が国内選挙対策向け中心で、世界に対する情報が欠けていた。

まさに、今回の福島原発に欠けていた３点をあげているようなものだが、こうしたプロの提言は、

電力会社でも、原子力行政のどの現場でも採用されないどころか、まったく無視されてしまったのは、彼が東大「原子力工学」という学閥出身ではないことと、彼らとは逆の意味で「政治」に近すぎるところにいたからだろう。だが、**大前研一**のような専門家(だった)人物がこの時点(2007年)で「プラント全体の耐震設計が抜け落ちていた」というのは驚きだった。原子炉、建屋、発電機の(耐震性の)それぞれの設計者はいても、そのプラントの全体を設計する人間はいないということだ。無能な船頭多くして、舟は海に沈んでしまうのである。

それにしても、御用学者たちの裾野は広い。原子力学会や地震学会だけではなさそうだ。ネットで拾い出した次のような「財団法人」も、どこかの役所の天下り財団で、御用学者と原子力官僚と原子力企業のリタイア組の巣くう伏魔殿のようなところだろう。理事長は、**鈴木篤之**の前の原子力安全委員会の委員長・**松浦祥次郎、岡本孝司**の同僚である**岩田修一**が理事となっている(原子力安全研究協会のHP)。

財団法人原子力安全研究協会

■ 役員名簿 ──平成22年10月1日(五十音順・敬称略)

理　事　長　　**松浦祥次郎**　元原子力安全委員会委員長
副理事長　　矢川　元基　東洋大学工学部教授
専務理事　　渡貫　憲一　財団法人原子力安全研究協会事務局長

理事	石榑 顕吉	東京大学名誉教授
〃	市田 行則	日本原子力発電株式会社相談役
〃	岩田 修一	東京大学大学院新領域創成科学研究科教授
〃	佐々木康人	社団法人日本アイソトープ協会常務理事
〃	武黒 一郎	東京電力株式会社フェロー
〃	田中 知	東京大学大学院工学系研究科教授
〃	羽生 正治	日立GEニュークリア・エナジー株式会社代表取締役社長
〃	早瀬 佑一	元独立行政法人日本原子力研究開発機構副理事長
〃	日野 稔	電源開発株式会社代表取締役副社長
〃	鈎 孝幸	関西電力株式会社執行役員
〃	峰松 昭義	元日本原燃株式会社代表取締役副社長
監事	久米 雄二	電気事業連合会専務理事
〃	松本 史朗	独立行政法人原子力安全基盤機構技術顧問

　こんな名前だけの「安全研究」が、原子力マネーを狙って、政治家や電力会社、資源エネルギー庁や原子力安全・保安院、文部科学省、原子力委員会、原子力安全委員会の下にぶらさがっている。彼らはその甘い汁を吸える地位を死ぬまで手放そうとはしない。原子力の安全という美名の下に、民主党政権の仕分け作業（腰砕けだったが）からも無事だったのだろう。

同じように、原子力の安全を旗印に掲げる団体、組織、集団は枚挙のいとまがないほどだ。そのなかでも、独立行政法人原子力安全基盤機構は、典型的な天降り集団の巣窟であると思われる。理事長以下6人の理事・監事のうち、旧通産省出身が3人、1人が人事院出身である。

その彼らの行動の使命は「1、原子力安全・保安院と連携し、強い使命感を持って、原子力の安全確保の一翼を担う。2、常に世界に視野を広げ、知見を新たにし、原子力の安全規制の高度化に貢献する。3、原子力の安全確保に関する情報を国民にわかりやすく提供する」というものだが、第3番目の使命について、私がこの法人が開設している原子力ライブラリの所蔵リストを検索してみても、広瀬隆の著書はもちろん、高木仁三郎や田中三彦、そして、反原発派である原子力資料情報室の刊行物は、まったく見あたらないのである。こんな連中のために、去年は207億円という交付金が、私たちの税金のなかから浪費されているのである。

原子力安全基盤機構の理事長と理事は、以下の通り（原子力安全基盤機構のHP）。

理事長 **曾我部捷洋**（そがべかつひろ）（平成21年4月1日就任）

昭和42年4月　通商産業省　入省

昭和58年4月　通商産業省　資源エネルギー庁　ガス保安課長

昭和61年2月　福岡通商産業局　公益事業部長

平成元年4月　通商産業省　資源エネルギー庁　発電課長

平成2年6月　通商産業省　環境立地局　立地指導課長

155　2011年3月22日（火）

〔理事長代理〕 **中込 良廣**（なかごめ よしひろ）（平成21年10月1日再任）

昭和43年4月 京都大学原子炉実験所 助手
平成5年6月 京都大学原子炉実験所 助教授
平成8年5月 京都大学大学院エネルギー科学研究科（併任）
平成13年4月 京都大学原子炉実験所 教授
平成18年4月 京都大学原子炉実験所 副所長
平成19年4月 独立行政法人 原子力安全基盤機構 技術顧問
平成19年4月 京都大学 名誉教授
　　　　　　独立行政法人 日本原子力研究開発機構 客員研究員

理事

平成21年4月 独立行政法人 原子力安全基盤機構 理事長〔理事長代理〕
平成19年10月 独立行政法人 原子力安全基盤機構 理事
平成15年10月 独立行政法人 原子力安全基盤機構 理事
平成15年7月 財団法人 原子力発電技術機構 参事
平成13年6月 西部ガス株式会社 常務取締役
平成6年7月 西部ガス株式会社 顧問
平成4年6月 通商産業省 通商産業検査所長
平成3年6月 科学技術庁 原子力安全局 原子力安全課長

平成21年4月　独立行政法人　原子力安全基盤機構　理事［理事長代理］（現在に至る）

理事　佐藤　達夫（さとうたつお）（平成22年7月31日就任）

昭和59年4月　通商産業省入省
平成10年1月　通商政策局通商交渉官
平成12年7月　金融庁監督部監督企画官
平成14年7月　通商政策局公正貿易推進室長
平成16年6月　商務情報政策局取引信用課長
平成18年7月　貿易経済協力局貿易管理部安全保障貿易審査課長
平成19年7月　貿易経済協力局貿易管理部安全保障貿易管理課長
平成21年7月　原子力安全・保安院企画調整課長
平成22年7月　独立行政法人　原子力安全基盤機構　理事（現在に至る）

理事　佐藤　均（さとうひとし）（平成22年1月1日就任）

昭和48年4月　通商産業省入省
平成10年7月　資源エネルギー庁公益事業部計画課調査室長
平成13年1月　原子力安全・保安院　統括安全審査官
平成15年6月　東北経済産業局電力・ガス事業部長

平成16年7月	東北経済産業局資源エネルギー環境部長
平成16年7月	原子力安全・保安院原子力安全審査課長
平成18年7月	原子力安全・保安院 審議官（産業保安・原子力安全基盤担当）
平成19年4月	原子力安全・保安院 審議官（原子力安全基盤担当）
平成21年7月	独立行政法人 原子力安全基盤機構 検査業務部長
平成22年1月	独立行政法人 原子力安全基盤機構 理事（現在に至る）

監事 **高橋秀樹**（たかはしひでき）（平成22年1月1日再任）

昭和48年4月	人事院 採用
平成4年4月	給与局研究課長
平成6年4月	職員局補償課長
平成7年4月	管理局研修企画課長
平成9年4月	職員局職員課長
平成11年9月	国家公務員倫理審査会事務局首席参事官
平成12年4月	管理局審議官
平成14年11月	近畿事務局長
平成16年5月	公平審査局長
平成17年6月	国家公務員倫理審査会事務局長

平成18年2月　独立行政法人　原子力安全基盤機構　監事（現在に至る）

監事　**古澤　彰**（ふるさわ　あきら）（平成21年10月1日就任）

昭和48年4月　日本航空株式会社
平成10年6月　日本航空株式会社　ロンドン空港　空港所長（兼）欧州地区支配人室部長
平成13年6月　日本航空株式会社　羽田整備事業部副事業部長
平成14年6月　日本航空株式会社　品質保証部長
平成17年6月　株式会社ジャルウェイズ　執行役員（兼）整備部長
平成20年6月　株式会社ジャルウェイズ　常務取締役（兼）整備部長
平成21年6月　株式会社ジャルウェイズ　非常勤顧問
平成21年10月　独立行政法人　原子力安全基盤機構　監事（現在に至る）

　理事長の**曾我部捷洋**も、その他の理事たちも華麗な"天降り人生"といわざるをえない。通商産業省、現在の経済産業省は、その支配下に資源エネルギー庁と、原子力安全・保安院を持ち、原子力行政の推進部門（資源エネルギー庁）と、規制部門（原子力安全・保安院）の両方を持ち、本来は元科学技術庁の管轄下にあった原子力委員会と、原子力安全委員会との双方の権益を兼ねるようになった。行政からは一応独立した機関であったこの二つの委員会は骨抜きにされ、原子力行政は、経産省の官僚たちの思うがままに牛耳るものとなったのだ。彼らは次々と自分たちの天降り先を作り上げていっ

159　2011年3月22日（火）

た。
「原子力の安全」を謳うそれらの団体、法人、組織は、「安全」という文字を錦の御旗として、わが世の春を誇っていたのである。政権交代があろうと、事業仕分けがあろうと、「原子力の安全」に逆らう者はいなかったのである。

3.23 2011

2011年3月23日（水）

2011年3月23日（水）

午前4時20分　3号機の建屋の東側から黒煙があがる。3号機付近では、原子炉に外部電源で海水ではなく真水を注入する作業の準備中だったが、このために作業を中断。4号機の中央制御室の照明の復旧なども遅れ、明日以降にずれ込むことになった。

東京都は、葛飾区の金町浄水場の水道水から、0歳児の乳児の飲用に関する国の基準の約2倍に当たる1キログラムあたり210ベクレムの放射性ヨウ素を検出したと発表し、水道水で粉ミルクを溶かしたり、乳児に直接飲ませたりしないように呼びかけた。放射性ヨウ素が、甲状腺ガンを引き起こす確率は非常に高いが、特に乳児は大人の数十倍危険度が高い。

また、政府は福島県産のホウレンソウ、カキナに加えて、ブロッコリー、キャベツ、アブラナ、カリフラワーなどの品目に摂取制限を指示した。茨城産の原乳、カブ、パセリなども。

日本の支配権力層は、なぜ、それほどまで原子力政策（原発政策）を推し進めようとするのだろうか。いったい、いつ、誰が、戦後の日本社会において「原子力」を持ち出したのだろうか。**広瀬隆**は、ずばり2人の人間の名前をあげている。

第3次鳩山内閣で科学技術庁長官を務めた男と、第71〜73代総理大臣を務めた男の2人が、日本の原子力国策を生み出した張本人といわれるのである。（すなわち、日本の原子力の〝父〟だ）。

正力松太郎は、初代の原子力委員会（Atomic Energy Commission、略称AEC）の委員長だった。というより、彼がそうしたポストに就いたというほうが正確だろう。委員会は、1955年12月に成立した「原子力基本法」に基づいて、日本国の原子力政策を計画的に行うことを目的として1956年1月1日に総理府の附属審議会）として設置された。最初、委員長は国務大臣である科学技術庁長官が充てられていて、委員の任命には衆参両議院の同意が必要とされた。2001年1月6日の中央省庁再編に伴って内閣府の審議会の一つとなり、委員長は国務大臣ではなくなったが、委員とともに両議院の承認人事の対象となっている（任期3年）。

歴代の原子力委員会委員長は、次の通り（出所は「ウィキペディア」）。

1　**正力松太郎**　第3次鳩山内閣　1956年1月1日－1956年12月23日

　官　科学技術庁長官（1956年5月19日以降）

－（欠員）石橋内閣　1956年12月23日

2 宇田耕一 石橋内閣 1956年12月23日－1957年2月25日 経済企画庁長官
3 宇田耕一 第1次岸内閣 1957年2月25日－1957年7月10日 経済企画庁長官
4 正力松太郎 第1次岸内閣 1957年7月10日－1958年6月12日 国家公安委員会委員長
5 三木武夫 第2次岸内閣 1958年6月12日－1958年12月31日 経済企画庁長官
― （欠員）第2次岸内閣 1958年12月31日－1959年1月12日
6 高碕達之助 第2次岸内閣 1959年1月12日－1959年6月18日 通商産業大臣
7 中曾根康弘 第2次岸内閣 1959年6月18日－1960年7月19日
8 荒木萬壽夫 第1次池田内閣 1960年7月19日－1960年12月8日 文部大臣
9 池田正之輔 第2次池田内閣 1960年12月8日－1961年7月18日
10 三木武夫 第2次池田内閣 1961年7月18日－1962年7月18日
11 近藤鶴代 第2次池田内閣 1962年7月18日－1963年7月18日
12 佐藤栄作 第2次池田内閣 1963年7月18日－1963年12月9日
13 佐藤栄作 第3次池田内閣 1963年12月9日－1964年6月29日 北海道開発庁長官
― （欠員）第3次池田内閣 1964年6月29日－1964年7月18日
14 愛知揆一 第3次池田内閣 1964年7月18日－1964年11月9日 北海道開発庁長官
15 愛知揆一 第1次佐藤内閣 1964年11月9日－1965年6月3日 文部大臣
16 上原正吉 第1次佐藤内閣 1965年6月3日－1966年8月1日 文部大臣

17 有田喜一 第1次佐藤内閣 1966年8月1日—1966年12月3日 文部大臣
18 二階堂進 第1次佐藤内閣 1966年12月3日—1967年2月17日 北海道開発庁長官
19 二階堂進 第2次佐藤内閣 1967年2月17日—1967年11月25日 北海道開発庁長官
20 鍋島直紹 第2次佐藤内閣 1967年11月25日—1968年11月30日
21 木内四郎 第2次佐藤内閣 1968年11月30日—1970年1月14日
22 西田信一 第3次佐藤内閣 1970年1月14日—1971年7月5日
23 平泉渉 第3次佐藤内閣 1971年7月5日—1971年11月16日
24 木内四郎 第3次佐藤内閣 1971年11月16日—1972年7月7日
25 中曾根康弘 第1次田中角栄内閣 1972年7月7日—1972年12月22日 通商産業大臣
26 前田佳都男 第2次田中角栄内閣 1972年12月22日—1973年11月25日
27 森山欽司 第2次田中角栄内閣 1973年11月25日—1974年11月11日
28 足立篤郎 第2次田中角栄内閣 1974年11月11日—1974年12月9日
29 佐々木義武 三木内閣 1974年12月9日—1976年9月15日
30 前田正男 三木内閣 1976年9月15日—1976年12月24日
31 宇野宗佑 福田赳夫内閣 1976年12月24日—1977年11月28日
32 熊谷太三郎 福田赳夫内閣 1977年11月28日—1978年12月7日
33 金子岩三 第1次大平内閣 1978年12月7日—1979年11月9日

34	長田裕二	第2次大平内閣	1979年11月9日－1980年7月17日
35	中川一郎	鈴木善幸内閣	1980年7月17日－1982年11月27日
36	安田隆明	第1次中曾根内閣	1982年11月27日－1983年12月27日
37	岩動道行	第2次中曾根内閣	1983年12月27日－1984年11月1日
38	竹内黎一	第2次中曾根内閣	1984年11月1日－1985年12月28日
39	河野洋平	第2次中曾根内閣	1985年12月28日－1986年7月22日
40	三ッ林弥太郎	第3次中曽根内閣	1986年7月22日－1987年11月6日
41	伊藤宗一郎	竹下内閣	1987年11月6日－1988年12月27日
42	宮崎茂一	竹下内閣	1988年12月27日－1989年6月3日
43	中村喜四郎	宇野内閣	1989年6月3日－1989年8月10日
44	斎藤栄三郎	第1次海部内閣	1989年8月10日－1990年2月28日
45	大島友治	第2次海部内閣	1990年2月28日－1990年12月29日
46	山東昭子	第2次海部内閣	1990年12月29日－1991年11月5日
47	谷川寛三	宮澤内閣	1991年11月5日－1992年12月12日
48	中島衛	宮澤内閣	1992年12月12日－1993年6月18日
－	（欠員）宮澤内閣		1993年6月18日－1993年6月21日
49	渡辺省一	宮澤内閣	1993年6月21日－1993年8月9日
50	江田五月	細川内閣	1993年8月9日－1994年4月28日

- （欠員）羽田内閣　1994年4月28日
51 近江巳記夫　羽田内閣　1994年4月28日－1994年6月30日
52 田中眞紀子　村山内閣　1994年6月30日－1995年8月8日
53 浦野烋興　村山内閣　1995年8月8日－1996年1月11日
54 中川秀直　第1次橋本内閣　1996年1月11日－1996年11月7日
55 近岡理一郎　第2次橋本内閣　1996年11月7日－1997年9月11日　1997年1月20日から2月10日まで病気療養
56 谷垣禎一　第2次橋本内閣　1997年9月11日－1998年7月30日
57 竹山　裕　小渕内閣　1998年7月30日－1999年1月14日
58 有馬朗人　小渕内閣　1999年1月14日－1999年10月5日
59 中曾根弘文　小渕内閣　1999年10月5日－2000年4月5日　文部大臣
60 中曽根弘文　第1次森内閣　2000年4月5日－2000年7月4日　文部大臣
61 大島理森　第2次森内閣　2000年7月4日－2000年12月5日　文部大臣
62 町村信孝　第2次森内閣　2000年12月5日－2001年1月5日　文部大臣

原子力委員会委員長（内閣府）
1 藤家洋一　2001年1月6日－2004年1月5日
2 近藤駿介　2004年1月6日－2007年1月5日　東京大学名誉教授
3 近藤駿介　2007年1月6日－

そうそうたるメンバーといいたいところだが、初代から57代まではおおむね科学技術庁長官の兼任ポストだから（文部大臣や、北海道開発庁長官などもいた）、有名政治家が就いているのは当たり前で、58代から62代までは、文部大臣が務め、その後内閣府の審議会の一つとなり、民間人が就くようになった。はっきりいって、その存在は〝耐えられないほど軽〟くなってしまったのである。

これは日本の原子力政策（国策）が重要度を減じたということではない。いわゆる政治・産業・学界に跨る「原子力村」が強固に形作られたので、司令塔としての原子力委員会の存在感が希薄にならざるをえなかったからであろう。消費生活アドバイザーのおばさんや、私立大学の准教授にでも務まるような委員が、そんなに重大なものとは誰も思わないだろう（いささか差別的なニュアンスがあることは勘弁してもらいたい）。

良くも悪くも（悪いのだが）、**正力松太郎**や**中曾根康弘**、**正力松太郎**や**中曾根康弘**、**中川一郎**や**河野洋平**などの政治家には、日本の国策を動かすだけの力があった。現在の原子力委員会が、原子力の国策を動かすどころか、経済産業省の下部組織である原子力安全・保安院や電力会社や原発関連会社からも軽く見られていることは確かで、彼らの持ってきた案件や懸案や報告をただ追認、あるいは追従する機関に成り下がっていることは、その声明などを見れば明らかである。

正力松太郎や**中曾根康弘**が日本の原子力国策、原子力行政、ひいては原子力産業の〝生みの親〟となったのは、「敗戦」と「原爆」がトラウマとなっていたということが想定される。日本はアメリカに科学の力によって敗北したというのは、日本の科学者たちの共同観念であって、とりわけ原爆製造

については、日本でも理化学研究所仁科研究室でウラン爆弾の製造研究を行っていて、その困難さに直面していたこともあり、アメリカのその製造技術に驚嘆したのである。アメリカの軍事占領下にあって、日本は原子力工学や航空工学などの分野の研究を禁止されていた。そうした状況下にあって、日本の科学者たちは、いくつかの踏み絵を迫られていた。一つは、一切の原子力の研究についての放棄であり、これは広島で被爆した学者が主張した。もう一方は、原子力の平和利用に限定して研究しようというグループであり、また、少数ではあったが、タブーのない原子力科学を推進しようとする者たちである（これらの記述は、**武谷三男**『原子力発電』岩波新書、1976年2月に基づいている）。

1952年には、日本学術会議の**茅誠司**と**伏見康治**が秘密裡に原子力計画を進めていることが明らかになり、論議を引き起こした。茅たちは政府や自由党の政治家と連絡を取り、原子力の委員会を作り、研究費を国から出させようとしたのである。1954年、**中曾根康弘**が、突然、補正予算として原子力予算、2億3000万円を提出し、これが衆議院で通過した。海外原子力調査団などが組織され、原子力計画はぎくしゃくとしながらも進み、原子力基本法に従って、1956年1月1日、原子力委員会が発足した。**正力松太郎**を委員長に、日本初のノーベル賞（物理学）受賞者・**湯川秀樹**が委員となった。

正力松太郎や**中曾根康弘**は、アメリカからコールダーホール発電炉の輸入を企み、紆余曲折はあったが、1959年11月に、原子力委員会安全専門審査会は、この炉を承認した。東海村の実験原子力発電炉である。**正力**や**中曾根**らには、アメリカからの原子炉輸入による利権、原子力予算の采配による政治権力の強化などが頭にあったのだろうが、ソ連、中国などに対する、原子力によるアメリカと

の同盟強化、日本の原爆保有の見果てぬ夢、そのための原子力研究の伸展といった構想を抱いていたと思われる。いずれも、戦争と敗北に対する深甚の反省を基にしたというより、そのトラウマやコンプレックスがバネとなっていたものと思われる。こうした不純さから、日本の「原子力」は始まったといってよいのである。

1964年、アメリカは、低濃縮軽水炉を開発し、それを日本に売り込んできた。日本の原子力産業はこれに飛びつき、日本初の商業用原子力発電炉の一つが、福島原子力発電所として建設され、1971年に発電を開始した。ゼネラル・エレクトリック社設計で、東芝、日立などが製造に当たった。そして、次々と2号炉、3号炉、4号炉、5号炉、6号炉と歯止めなしに拡大、拡張されていった。その嚆矢となったのが、今回、水素爆発によって建屋の屋根が落ち、鉄骨が剥き出しになって、きわめて危険視されている1号機にほかならない。

「原子力基本法」（昭和三十年十二月十九日法律第百八十六号。最終改正：平成十六年十二月三日法律第一五五号）の「第二章 原子力委員会及び原子力安全委員会」は、以下の通りに定められている。

（設置）
第四条　原子力の研究、開発及び利用に関する国の施策を計画的に遂行し、原子力行政の民主的な運営を図るため、内閣府に原子力委員会及び原子力安全委員会を置く。

（任務）
第五条　原子力委員会は、原子力の研究、開発及び利用に関する事項（安全の確保のための規制

の実施に関する事項を除く。）について企画し、審議し、及び決定する。

2　原子力安全委員会は、原子力の研究、開発及び利用に関する事項のうち、安全の確保に関する事項について企画し、審議し、及び決定する。

（組織、運営及び権限）

第六条　原子力委員会及び原子力安全委員会の組織、運営及び権限については、別に法律で定める。

第2章4～6条の原子力委員会と原子力安全委員会とは、原子力の推進と規制の権限を両極の委員会にそれぞれ持たせ、補完し合いながら、原子力行政を展開するという仕組みとなっている。この原則がなしくずしにされたのが、現在の状況である。すでに見てきたように、原子力安全委員会はもとより、原子力安全委員会も、原発推進派によって完全に握られている。**松浦祥次郎**、**鈴木篤之**、**班目春樹**のここ数代の原子力安全委員会委員長は、原発を規制するどころか、むしろ鉦太鼓でそれを囃す応援団の役割を果たしてきたのである。

反原発派の代表的な民間団体である原子力資料情報室は、２００７年７月31日、**班目**が中越沖地震の原子力施設に関する調査・対策委員会の委員長として適任ではないので、解任し、交替させるように、政府の機関、原子力安全・保安院の院長・**薦田康久**に要求していた（もちろん、この要求は受け入れられなく、**班目**は原子力安全委員会の委員長になっているのである）。

以下は、その要求書の一部である（部分引用。ＮＰＯ法人・原子力資料情報室のＨＰ）。

このような状況の中で貴院は「中越沖地震における原子力施設に関する調査・対策委員会（仮称）」を設置することを決め、「具体的な影響についての事実関係の調査を行うとともに」、「国及び事業者の今後の課題と対策を」取りまとめるという。そして、班目春樹氏を委員長に20名の委員を選出し、第1回の会合を31日に開催する。

原子力安全・保安院の立場は原子力の安全を確保することであり、このことは、現状で確保できない場合には耐震安全向上の対策を、それでも確保できない場合には原子炉の閉鎖を求めるという立場であることを意味する。

ところが、班目委員長は、想定外の揺れにB、Cクラスは壊れても仕方がない、Aクラスは壊れず原子力の安全は確保されていると早々と安全宣言をしている。さらに、1～2年で運転再開ができるような見通しを繰り返しコメントしている。まだ、格納容器内部を見ていない段階で、このような発言をすることは学者としての倫理を疑わざるをえない。氏のこのような発言から、設置される委員会すらもお座なりな調査・対策しか行えないとの批判を免れないだろう。

言うまでもなく、今回の揺れは弾性変形の上限であるS_1を大きく超え、塑性変形を許容しているS_2をも大きく上回る揺れが観測されている。外観上は影響がないように見えても、安全を脅かすひずみが残っている危険性があり、これをどのように確認するかが最大の問題である。にもかかわらず、調査の前に安全が確保されているなどと調べつくすことが最大の問題であると発言することは言語道断である。

171　2011年3月23日（水）

以上の理由から班目氏は委員長として不適格であり交代を求める。

なお、参考として、不適格であることを示す同氏のこれまでの発言録を添付した。

■『六ヶ所村ラプソディ』班目春樹教授発言

原子力もそうなんですね。

原子力もそういうところ絶対あります。

だって、例えばですね、とにかく分かんないけれどもやってみようが、どうしてもあります。技術の方はですね、原子力発電所を設計した時には、応力腐食割れ、SCCなんてのは知らなかったんです。

だけど、あの、まだいろんなそういうわかんないことがあるから、あの、えーと、安全率っていうかですね、余裕をたーくさんもって、でその余裕に収まるだろうなーと思って始めてるわけですよ。

そしたら、SCCが出てきちゃった。で、チェックしてみたら、まあこれはこのへんなんか収まって良かった、良かった。

今まで、良かった良かったで、きてます。

ただし、良かったじゃないシナリオもあるでしょうねって言われると思うんですよ。

その時は、原子力発電所止まっちゃいますね。

原子力発電に対して、安心する日なんかきませんよ。

せめて信頼して欲しいと思いますけど。

安心なんかできるわけないじゃないですか、あんな不気味なの。

核廃棄物の最終処分をすることに技術的な問題はなくても、そこを受け入れる場所が、なければ、今、困っちゃいますもん。

ないですよね、探しても、イギリスまで。

うん、ないですよ。

それは、大きな問題じゃないですか

173　2011年3月23日（水）

え、いや、だから、あのー、えーと、基本的に、その何ていうのかな、今の路線で、今の路線がほんとに正しいかどうかは別として、今の路線かなんかで、替えがあるだろうと思ってるわけですよ。

というのは、最後の処分地の話は、最後は結局お金でしょ。

あの、どうしても、その、えーと、みんなが受け入れてくれないっていうんだったら、じゃ、おたくには、今までこれこれっていってたけど2倍払いましょ。

ら、5倍払いましょ。10倍払いましょ。どっかで国民が納得することがでてきますよ。それでも手を挙げないんだったら、

それは、経済的インセンティブと、そのー。

あの、処理費なんてたかが知れているから、えー、たぶん、その、齟齬は来さないですね。

今、たしか、最終処分地を受け入れてくれるボーリング調査させてくれるだけで、すごいお金流してますね。

20億円ですよ。

あれがたかが知れてるらしいですよ、あの世界は。

そうなんですか。

原子力発電所って、ものすごい儲かっているんでしょうね、きっとね。

そりゃそうですよ、原子力発電所1日止めると、1億どころじゃないわけですよね。

だから、そういう意味からいくと、今動いている原子力発電所をつぶす気なんてアメリカ毛頭ないし、日本も電力会社、あるものは、できる限り使いたいというのがこれが本当、本音ですよ。

■ 浜岡原発での班目証言

事故・トラブルについて、制御棒落下事故が明らかになる前に、「これは、かなりの知見が蓄積されています。したがって、これから先、新しい知見が出てくることはないとは、やっぱり思いません。これから先も、新しい知見は出てくると思います。だけれども、大きな知見については、もう、大体出たんではないかなというのが、実は、私の、これは個人的な考えです。」(第13回班目主尋問114項)と述べている。

制御棒の2本以上の同時の落下について、「起きるとは、ちょっと私には思えません。どういうふうなことを考えるんですか。それに似たような事象があったら、教えてください。」(班目反対尋問109-112項)。

答え「そのとおりです。」

問い「どっかで割り切るということは、ものを造るために、この程度を考慮すれば造ってもいいだろうという感じですね。」

「非常用ディーゼルが2台動かなくても、通常運転中だったら何も起きません。ですから非常用ディーゼルが2台同時に壊れて、いろいろな問題が起こる、これも起こる、あれも起こるために、そのほかにもあれも起こる、仮定の上に何個も重ねて、初めて大事故に至るわけです。だからそういうときに、非常用ディーゼル2個の破断も考えましょう。つまり何でもかんでも、これも考えましょうと言っていると、設計ができなくなっちゃうんですよ。つまり何でもかんでも、これも可能性ちょっとある、これはちょっと可能性がある、そういうものを全部組み合わせていったら、ものなんて絶対造れません。だからどっかでは割り切るんです。」

問い「非常用ディーゼル発電機2台が同時に動かないということは、それ自体は、地震が発生し

たときに、非常用ディーゼル発電機に寄り掛かっている、動かさなくちゃいけないものが止まってしまうということがあり得るわけですから、非常用発電機2台が同時に動かないという事態自体は、大きな問題ではないですか」

答え「非常用ディーゼル発電機2台が動かないという事例が発見された場合には、多分、保安院にも特別委員会ができて、この問題について真剣に考え出します。事例があったら教えてください。ですからそれが重要な事態だということは認めます。」

問い「重要な事態であれば、非常用発電機2台が同時に止まったときに、ほかに何か、別の重要な事態が加わって、それで事故が発生するというのは、幾つか想定しなくてはいけないことではないんですか。先ほどから証人は、それに加えるのは小さなこと、小さなことを加えなきゃいけないから大変だと言って、ここは割り切るとおっしゃっていますけれども、足す別の重大な事象ということが、大きいことがあり得るんだということは、お認めにはならない。」

答え「我々、ある意味では非常に謙虚です。こういう事態とこういう事態の重ね合わせくらいは考えたほうがいいかなということについては、聞く耳を持っております。是非こういうことについては考えてほしい、それはなるほど問題視したほうがいいということだったらば、当然、国の方でもそういうことについて審議を始めます。聞く耳を持たないという態度では

177　2011年3月23日（水）

ないんです。ただ今みたいに抽象的に、あれも起こって、これも起こって、だから地震だったら大変なことになるんだからという、抽象的なことを言われた場合には、お答えのしようがありません」。(第17回　班目反対尋問224〜228項)

これらは柏崎原発、浜岡原発についての**班目春樹**の発言だが、これだけではない。現今の福島原発についての震災について、**班目はこんなことをしゃべっているのだ**(ユーチューブの中継のビデオによる)。

3月22日に行われた参議院予算委員会において、社会民主党の党首・**福島瑞穂**は、原子力安全委員会の委員長・**班目春樹**に、「原発事故が発生した12日、菅首相といっしょにヘリコプターに乗って事故現場を視察し、その際に菅首相に『水素が発生しているかもしれないが、大丈夫だ』と、説明したのか」と問い詰め、「それが菅首相の初動の対策に影響を与えたのではないか」と問い糺した。班目は、「水素が発生しても、格納容器のなかだけで、建屋に出ていかないので大丈夫だ」といった」としどろもどろの答弁をし、「そのことが首相の判断に影響したとは思わない」という責任逃れの答えをした。原子力安全委員会の委員長で、原子力工学の権威とされる東大教授が、「水素はあるが、大丈夫だ」といえば、誰だって、そのすぐのちに（舌の根も乾かないうちに）、事態を飛躍的に悪化させる水素爆発、次々と起こることなどが予想できるはずがない。楽観的というより、今まで身に染みついた自己保身と自己欺瞞の根性から、「大丈夫だ」などと口走ったそばから、水素爆発は起こり、最悪のシナリオの幕は切って落とされたのである。

福島党首はさらに「浜岡原発の裁判の時に、『非常用発電機が２台とも壊れるといった抽象的なことをいわれても困る。原発の設計が出来ない』と証言したかどうか」を問うと、「それは原子力関係者のみんなの意見で、私個人の見解ではない」と、原子力関係者全体の責任であるようなことをいい、責任逃れに終始した。

しかも、「緊急時迅速放射能影響予測（ＳＰＥＥＤＩ）」というシステムがあるのに、それを活用すべき時に、まったくそれがなされていないことについて、なぜかと、**福島瑞穂**が問い糺したのに対し、暗に、東電側の正確な放射能排出量の発表がないことをタテに、自分たちの不作為を言い逃れようとしたのである。最後に**福島党首**が、「国民に謝罪する気はないのか」と詰め寄ると、「原子力を推進してきた者として個人的に謝罪する気持ちはある」といったが、その場で謝罪の言葉はなかったのである。

翌23日、原発震災が起きてから初めて原子力安全委員会は、記者会見を開き、「緊急時迅速放射能影響予測」の放射能予測の数値などを発表した。記者の「なぜ、今日まで数値が出なかったのか？」に対して、「**計算がようやく今日の発表に間に合った**」と班目は答えたが、昨日の国会で福島党首から発表を迫られ、隠し切れずに、しぶしぶと出したことは明らかなのに、彼はそうした説明はせず、記者たちも漫然とそうした虚偽を見逃したのである。日付を間違えたり、数字を忘れたり、変な愛想笑いをしたり、記者の質問に目を白黒させたりして、**班目春樹**の会見の様子は見るも無惨な状態だったが、この男が官邸の奥にいて、**菅首相**や**枝野官房長官**に、震災対策について対応策を助言したりしているから、事態は悪化のほうへと転んでゆかざるをえないのだ。

自己保身、欺瞞、無能力、ゴマカシ、虚偽、事態を小さく見たいという小心さ、それらのものが、この期に及んでも彼を縛り付けているのであり、こんな男を「専門家」として重用しなければならない政府もどうしようもないが、その被害は近隣の市町村民、福島県民に限らず、日本国民全部、いや、地球上の全人類と全生物に及ぶことを考えれば、まさに万死に値する罪なのである。もちろん、こんなことを、こんな男にいってもしようがないのだが。

3.24 2011

2011年3月24日（木）

2011年3月24日（木）

原子力安全委員会は、「緊急時迅速放射能影響予測（SPEEDI）」の試算結果を明らかにした（3月23日付）。「迅速予測」が、原発震災発生から12日から13日間もかかって結果が発表されたというのは茶番のようだが、その内容は深刻で、政府が避難や屋内退避を指示している20〜30キロ圏外にも、100ミリシーベルトの被曝が予測され、危険地域は広がっている。

東京都は、金町浄水場の水道水から、乳児の摂取基準の2.1倍の放射性ヨウ素が検出されたことを受けて、給水地区に住む乳児に向けて24万本のペットボトル飲料水の配布を行った。水道の水源の川、池、湖水もすでに放射能に汚染されている。海などにも汚染されてることは間違いないだろう（モニタリングをしていないだけだ）。

福島第一原発3号機のタービン建屋の地下一階で復旧作業中の「協力会社」の作業員3人が、173〜180ミリシーベルトの放射線量を浴び、うち2人がベータ線熱傷の疑いで病院に

搬送された。内部被曝もあり、放射線医学総合研究所に転送された。

長靴ではなく、短靴で作業中に、床にたまった水が靴内に入ったという。この水を分析したところ、コバルトなどが検出され、燃料プールではなく、原子炉から何らかの形で漏れたものと推測されると、保安院も発表した。原子炉、格納容器は大丈夫だという防護の壁の安心感が、また一つ潰えた。

このために、電源復旧などの作業が中断。事態の悪化はなかなか食い止められない。長期化は免れないと、新聞の論調も諦めムードだ。復旧作業では、1〜3号機の原子炉への注水は海水から真水に切り替えた。海水による金属腐食を怖れたため。

千葉県産のホウレンソウから基準値以上の放射能が検出されたという。わが家の家庭菜園にもホウレンソウがあり、液状化現象にも負けなかったのだが、食べることは諦めざるをえない。ネギももうダメだろう。シークヮーサー、サクランボの苗木を植えて、実の生るのを楽しみにしていたのだが。ミカン、ビワ、ブドウも、今年以降は、もうダメだろう。泣きたい思いである。

私は以前に「原爆はいかにとらえられてきたか」という評論を書き、戦後の日本人の原子力についての考え方として、原水爆＝悪の権化＝ゴジラ、という系列と、原子力発電（あるいは放射線医療）＝原子力の平和利用＝鉄腕アトム、という系列があることを指摘し、その二つの立場、陣営が両極となって、互いに不倶戴天の敵として対話すら成り立たないことを指摘したことがあった。ヒロシマ、ナガサキ、第五福竜丸の被災を受けた日本としてこれは不幸なことであり、それがまた反原爆と原水禁と原水協のように政治的立場やイデオロギーの違いによって分裂状態になり、そうした反原爆、反原子力陣

営の後退という社会状況のなかで、**正力松太郎、中曾根康弘、茅誠司、有澤広巳、平岩外四**といった原子力推進派の実力者たちは、政・官・財・学の強固な、不動の原子力体制を築きあげてしまったのである。

この絶大な権力と金と発信力を持つ利益集団、互助団体、シンジケートは、水爆怪獣ゴジラのように、戦後の社会に君臨したのである（ゴジラが変電所を襲うのは、その本能かもしれない）。ゴジラのような怪獣に襲われ続ける地球（日本）に、もはやウルトラマンも、ウルトラの兄弟たちも、誰も助けには来てくれない。なぜなら、ゴジラとアトムが、同じ原子力の裏と表、影の部分と光の部分だったように、怪獣たちとウルトラマンは、やはり悪と正義とが背中合わせになったものだったからだ。原爆と原子力発電所は、同じものがただその表面の表情を変えたものにしかすぎない。ジキル博士とハイド氏は、同一人物の二重の人格にほかならなかったのだ。人は原子力を制御し、支配することはできない。それは、地震や津波や火山や台風を、人間が支配することができないのと同じことだ。ただ、もちろん、その致命的な災害から身を守ることはできないことではない。私たちの文化、文明はそのような道を進むべきであり、災厄がもたらすものを少しでも少なくし、軽くし、甦ることを可能とする方法を考えるべきなのだ。

班目春樹が、原子力安全委員会の委員長として、また、原発を推進してきた者として国民に謝罪する気持ちがあるのならば、謝罪の前に、直ちに、**菅**総理大臣に、少なくとも危険が迫りつつある東海大地震のプレートの真上に建っているという浜岡原発の即時停止（トヨタなどの大容量の電力を使う企業が工場の操業中止、縮小をしているのだから、電力は逼迫しない）、高速増殖炉「もんじゅ」の

運転再停止、プルサーマル計画の中止、全国の原発の新設・増設の計画の凍結、そして段階的な原子力発電所の廃炉・解体を勧告すべきだろう。原子力安全委員会の委員長とは、それぐらいの権能を持っているはずのものなのである。「原子力村」の風土のなかで、多額な研究費と名誉という甘い汁を吸い続けてきたこの御用学者には、そんな諫言ができようはずもないのだが。

3.25 2011

2011年3月25日（金）

東日本大震災から2週間目だ。放射能禍は、空に、海に、地上に、じわじわと拡がってきている。これは、原子炉のメルトダウンがいわれた時から、当然想定されるべき事態だ。原子炉に水をかけ続けて、その水が放射能を含んで、溢れ出さないわけはないではないか。

日当40万円で、下請け会社の作業員を現場の前線に、放射能汚染の危険覚悟で押し出そうとする東京電力。何一つ変わっていない荒廃した精神風景だ。東電の**清水**社長は、体調を崩して2週間も安静にしていたそうだ。放射線治療でも受けたら？皮肉の一つもいいたくなる。

無責任で、無知で、無気力な東電、原子力安全・保安院、原子力安全委員会。こんな連中に、重大な影響を及ぼす原発を任せていたことの怠慢と無関心と放心のツケを、私たち国民が今、途方もない高い金利をつけて支払わされている。責任追及は後回しだ、事態の収束（終息）が先だ、といっている人がいる。

収束の作業に関わっている人はそうだろうが、私はただテレビの前で手を拱いて見ているだけだ。責任を安堵とともにウヤムヤにしないためにも、安閑とした私が、その責任の所在をきちんと見ておくことが必要なのである。

一般社団法人日本原子力技術協会のHPを見ていると、こんな興味深い記事を見つけた。〈活動報告ライブラリ　原子力発電所における最近の事例解説〉というもので、ひとつは2010年11月2日に福島第一原発5号機で起きた原子炉自動停止についてであり、もうひとつは同じくに2010年6月7日に起きた福島第一原発2号機の原子炉自動停止についてである。まず第一に、去年1年間で2号機と5号機で相次いで原子炉が自動停止したということが起きたということだ。自動停止は、もちろん原子炉の安全のための生命線といってよく、そうした〝事象〟がいとも簡単に起きてしまうことの異常さである。

① 東京電力福島第一原子力発電所5号機の原子炉自動停止について

〈原子力発電所における最近の事例解説〉

平成22年11月2日に東京電力福島第一原子力発電所5号機で原子炉が自動停止しました。この事象は、当該プラントにて制御棒パターン調整を行っていたところ、原子炉水位が上昇して発電機・タービンが自動停止し、これに伴い原子炉が自動停止したものです。

この事象において、原子炉は設計に従って安全に停止し、「止める」、「冷やす」及び「閉じ込める」機能は確保され、発電所の安全に影響はありませんでした。

東京電力から発表されたこの事象の推定原因と対策は次のとおりです。

• 推定原因

給水流量制御信号にもとづきタービン駆動給水ポンプを制御する制御装置について、グリス（油）交換を実施していなかったことから、制御装置内の回転棒とレバーの間のグリスが経年的に劣化し、潤滑機能が低下した。

このため、回転棒のネジ表面が磨耗し発生した金属磨耗粉と劣化したグリスにより、回転棒とレバーの間の抵抗が増大し、動きが悪くなった。

これにより、制御装置が給水流量制御信号に対して正確に動作できなくなり、原子炉水位の調整が不調となったために、原子炉水位が変動し、発電機、タービン及び原子炉が自動停止した。

• 対策

制御装置の分解点検を行い、回転棒およびグリスの交換を行うとともに、制御装置の健全性を確認した。

また、今後定期的に制御装置の分解点検を実施し、回転棒とレバーの間のグリスの交換を行う。

詳細については、東京電力プレスリリース「福島第一原子力発電所5号機における原子炉自動

187　2011年3月25日（金）

停止に関する調査結果について」を参照願います。

- 制御棒パターン調整とは何ですか?

原子力発電所では通常定格出力を維持して運転していますが、燃料であるウランが燃焼に伴い消耗します。このため、沸騰水型の原子力発電所では一定の出力を維持するために炉内に挿入する制御棒の本数や位置を変更することがあり、この操作を制御棒パターン調整といいます。

- 原子炉が自動停止したのはなぜですか?

原子力発電所は、原子炉の水位が通常の範囲を逸脱すると原子炉が自動停止するように設計されています。

原子炉水位の上昇そのものは原子炉の安全を脅かすものではありません。しかし、原子力発電所は、水位上昇による蒸気中の湿分増加からタービンを保護するため、タービン・発電機を自動停止し、これに伴い原子炉を自動停止するように設計されています。

本事象は、原子炉水位がこの設定点に達して発電機・タービンが自動停止し、これに伴い原子炉が自動停止したものです。

- 安全審査の中ではどのように評価されていますか?

安全審査においては、給水流量制御信号が誤って発して給水流量が急激に上昇した場合など

様々な異常状態に対する対策についての解析・評価が行われ、発電所の安全設計の基本方針の妥当性が確認されています。

今回の東京電力福島第一原子力発電所5号機の事象は、これらの対策、解析・評価として想定されている範囲内のものでした。 以 上

② 東京電力福島第一原子力発電所2号機の原子炉自動停止について

平成22年6月17日に東京電力福島第一原子力発電所2号機で原子炉が自動停止しました。この事象はある原因で発電機が停止して、原子炉が自動停止するとともに、非常用ディーゼル発電機が自動起動したものです。

・発電機が停止するとどうして原子炉が自動停止するのでしょうか？
発電機は、蒸気がタービンを回転させることによって電気を発生させます。発電機自身が停止すると、タービンを回転させる蒸気を発生させる必要がなくなるので、蒸気の供給源である原子炉は自動停止するようになっています。

「福島第一原子力発電所2号機における原子炉自動停止に関する調査結果について」東京電力プレスリリース 2010年7月6日

- 原子炉が停止すると発電所内で使う電気はどこから供給されるのでしょうか？

原子力発電所が運転されているときは、発電した電気の一部を発電所自身で使うようになっています。原子力発電所では原子炉が自動停止しても、冷やす、閉じ込めるという安全機能を確保するための電源が必要です。

このため、原子炉が自動停止すると外部（送電線）から供給される電源に自動的に切り替わります。

- 外部から供給される電源への切り替えがうまくいかなかった場合はどうなるのでしょうか？

福島第一原子力発電所2号機の場合はうまく切り替わりませんでした。原子力発電所は外部から供給される電源にうまく切り替わらないこともあるという前提でつくられています。切り替えがうまくいかなかった場合には自動的に非常用ディーゼル発電機から電気が供給されます。また、非常用ディーゼル発電機は複数系列用意されており、緊急時での使用に備えて、定期的に作動確認が行われています。

- 非常用ディーゼル発電機で発電所の全部の電気を賄えるのですか？

非常用ディーゼル発電機からの電気を使用する場合は、止める、冷やす、閉じ込める機能に必要な電気が供給されるので、通常使用している給水ポンプなどは停止します。

- 給水ポンプが停止すると原子炉への給水はどうやって行うのですか？

原子炉の水位に応じて原子炉隔離時冷却系やECCS系（非常用炉心冷却系）が自動起動して原子炉に給水します。今回の福島第一原子力発電所2号機の場合は、運転員が定められた手順に従って原子炉隔離時冷却系を手動起動して原子炉の水位が確保されました。このため、原子炉隔離時冷却系やECCS系（非常用炉心冷却系）が自動起動することはありませんでした。この運転員の対応は常日頃の訓練の成果の現れと言えます。

- 安全審査の中ではどのように評価されていますか？

原子力発電所では、止める、冷やす、閉じ込めるという安全機能を達成するために必要な交流電源は、外部または非常用電源のいずれからも供給されるようにするなどの対策が施されることが確認されます。

また、発電所外部からの電源が喪失した場合などのさまざまな異常状態に対する対策についての解析・評価が行われ、発電所の安全設計の基本方針の妥当性が確認されます。今回の東京電力福島第一原子力発電所2号機の事象は、これらの対策、解析・評価として想定されている範囲内のものでした。

①の事例は、長年、グリス（油）の交換を行っていなかったので、給水ポンプの回転棒とレバーと

191　2011年3月25日（金）

の摩擦で動きが悪くなったというもので、杜撰としかいいようのない手抜き管理によって生じたものだが、回転棒とグリスを交換することによって、一応の解決を見た。

②の事例は、「ある原因で発電機が停止して、原子炉が自動停止するとともに、非常用ディーゼル発電機が自動起動したもの」による自動停止ということだが、これは今回の原発震災につながる重要な問題点を示している。そもそも、「ある原因」とは、何だろうか？　これは、端的にいうと、原因不明ということである。

発電機の停止には、当然原因がある。しかし、東電はその原因を究明することができなかったのである。だから、「ある原因」などという、不徹底きわまる表現にせざるをえなかった。この事例解説が「ある原因」にも、その解決法にも言及していないのは、たぶんその発電機を、そのまま故障箇所を究明せずに放置したまま、再び稼働させたのだろう（もう1回やってみたら起動したというところだろう）。発電機は、回転棒やグリスのように簡単に取り替えができるような代物ではないし、故障や不具合の場所が分かっていたらその部品を換えればいいだけで、それは「ある原因」ではなく、はっきりとした原因である。

つまり、根本的な「原因」の究明はなされなかった可能性が高いのだ。発電機が一個動かなくなっても、非常用ディーゼル発電機が電力を供給するから大丈夫と、東電側はいっているのだが、じゃあ、その非常用の発電機も「ある原因」で停止したならどうなるの？　という子どものような疑問には、彼は答えられないのである。そんなことは、「想定外」だといい募るだけで。

この昨年中の〝事故〟をよく検証していたら、今回の原発震災の、少なくともその一部は未然に防

げたかもしれない。杜撰な管理を反省し、発電機の故障という重大な局面についての予測や想像力があれば、もう少し何とかすることが可能だったのではないか？ 現実に1年以内の二つの事故というのは、大事故の警鐘にほかならない。それを「原因」を究明もせず、ただ安全だから安全だというトートロジーを繰り返してきた東電の幹部や、その監督官庁である原子力安全・保安院の監督責任は重大である。この福島第一原発の原発震災が、天災ではなく、人災であることの、これははっきりとした証拠なのである。

ところで、日本原子力技術協会というのは、どんな団体なのだろうか。これは、原子力に関連する企業や団体、組織が会員となっている一般社団法人で、もちろん原子力産業、原発を推進しようとする目的を持ったものだ。会員会社は次のように多岐にわたっている。会員とは「一般法人法」の社員を示す。

日本原子力技術協会：会員名簿　五十音順（2009・10・13現在）

あ
株式会社IHI　　株式会社IHI検査計測
IHIプラント建設株式会社　　青森日揮プランテック株式会社
株式会社アセンド　　株式会社アトックス

193　2011年3月25日（金）

アロカ株式会社　イーグル工業株式会社
ウツエバルブサービス株式会社　株式会社エナジス
株式会社荏原製作所　ＭＨＩ原子力エンジニアリング株式会社
株式会社オー・シー・エル　株式会社大林組
岡野バルブ製造株式会社　オルガノ株式会社

か

鹿島建設株式会社　株式会社上組
社団法人火力原子力発電技術協会
関西電力株式会社　株式会社関電工
株式会社関電パワーテック　カワサキプラントシステムズ株式会社
九州電力株式会社　関電プラント株式会社
株式会社共和電業　九電産業株式会社
株式会社クリハラント　栗田工業株式会社
検査開発株式会社　株式会社グローバル・ニュークリア・フュエル・ジャパン
株式会社原子力安全システム研究所　原子燃料工業株式会社
株式会社原子力発電訓練センター　株式会社原子力エンジニアリング
原電情報システム株式会社　原電事業株式会社
　　　　　　　　　　原燃輸送株式会社

株式会社神戸製鋼所

さ
株式会社ザックス　山九株式会社
株式会社シーテック　株式会社ジェイテック
株式会社ジェイペック　株式会社ジェー・シー・オー
四国計測工業株式会社　四国電力株式会社
清水建設株式会社
新菱冷熱工業株式会社　助川電気工業株式会社
住友金属鉱山株式会社

た
大成建設株式会社　太平電業株式会社
株式会社竹中工務店　中国電力株式会社
中電プラント株式会社　中部電力株式会社
株式会社中部プラントサービス　千代田化工建設株式会社
株式会社千代田テクノル　株式会社ティエルブイ
株式会社テクノ中部　株式会社テプコシステムズ

電源開発株式会社　財団法人電力中央研究所
東亜バルブエンジニアリング株式会社　株式会社東京エネシス
東京電力株式会社　東京防災設備株式会社
株式会社東芝　東芝プラントシステム株式会社
東電環境エンジニアリング株式会社
東電設計株式会社　東電工業株式会社
東北発電工業株式会社　東北緑化環境保全株式会社　東北電力株式会社
東洋エンジニアリング株式会社　戸田建設株式会社

な

長野計器株式会社　西日本技術開発株式会社
西日本プラント工業株式会社　日揮株式会社
日機装株式会社　日本エヌ・ユー・エス株式会社
日本碍子株式会社　日本核燃料開発株式会社
独立行政法人日本原子力研究開発機構　社団法人日本原子力産業協会
日本原子力発電株式会社　日本原子力防護システム株式会社
日本建設工業株式会社　日本原燃株式会社
株式会社日本製鋼所　社団法人日本電気協会

ニュークリア・デベロップメント株式会社　株式会社ニュージェック
能美防災株式会社

は
株式会社間組　　財団法人発電設備技術検査協会
株式会社BWR運転訓練センター　　株式会社日立エンジニアリング・アンド・サービス
日立GEニュークリア・エナジー株式会社　　株式会社日立エンジニアリング
日立造船株式会社　　株式会社日立プラントテクノロジー　　株式会社日立製作所
非破壊検査株式会社　　富士電機システムズ株式会社
北陸電力株式会社　　北陸発電工事株式会社
北海道電力株式会社　　北海道パワーエンジニアリング株式会社

ま
前田建設工業株式会社　　三井造船株式会社
三菱原子燃料株式会社　　三菱重工業株式会社
三菱電機株式会社　　三菱マテリアル株式会社
株式会社明電舎

や、ら、わ

四電エンジニアリング株式会社　リサイクル燃料貯蔵株式会社

以上122法人

これらは、日本の原子力産業と原発ビジネスに直接的に関係する企業、会社、団体をほぼ網羅したものといってよいだろう。これらの会社、企業は、核燃料や原子炉、発電所のプラントから技術的なサービス供与から、保険の関係まで、原子力業界の中枢的な役割を果たしているのである。だが、そのなかでも特に、この協会の中核となっているのが、どういう会社、組織であるのかは、理事長以下の旧職を見れば分かるだろう。

理事長　　藤江　孝夫（元　日本原子力発電株式会社取締役副社長・日本原子力技術協会顧問）

専務理事　百々　隆（元　株式会社原子力安全システム研究所　技術システム研究所副所長）

理事〔企画室長兼技術基盤部長〕（技量育成部担当）成瀬　喜代士（元　中部電力株式会社　浜岡原子力総合事務所浜岡地域事務所　総括・広報グループ部長）

〔業務部長〕中村　民平（元　株式会社エナジス取締役東京支社長）

〔安全文化推進部長〕（情報・分析部担当）大部　悦二（元　日本核燃料開発株式会社代表取締役社長）

〔規格基準部長〕　伊藤　裕之（元　東京電力株式会社　原子力・立地本部部長）

非常勤理事　五十嵐安治（株式会社　東芝　執行役常務　電力システム社社長）

諸岡　雅俊（九州電力株式会社取締役常務執行役員原子力発電本部長）

横山　速一（財団法人電力中央研究所理事　原子力技術研究所長）

監事　大山　潤一（三菱原子燃料株式会社執行役員東海工場副工場長）

野中　洋一（日本原子力発電株式会社取締役企画室長）

最高顧問　石川　迪夫（元　日本原子力技術協会理事長）

理事長の藤江孝夫は、2007年度の日本機械学会の動力エネルギー部門賞の功績賞を受賞している。その時のHPの紹介は次の通りだ。

【部門賞】功績賞

■藤江孝夫　殿（日本原子力発電（株）・フェロー（元副社長））

藤江孝夫氏は、我が国初の商業炉である東海発電所をはじめとして、わが国初の軽水炉である敦賀発電所1号機、我が国初の110万キロワット級大型軽水炉である東海第二発電所、および国産改良標準型加圧水炉第1号である敦賀発電所2号機など多くの重要な原子力発電プラントの設計・建設に携わるとともに、その後も敦賀発電所3、4号機のプロジェクト化に経営の中枢と

して尽力されました。一方で、東海地区担任として地域との絆を堅固なものとするとともに、国際的な技術協力にも貢献されました。

これとは別に、昔からあった原子力産業会議の改編によって生まれた、もう一つの原子力産業の業界団体として、社団法人原子力産業協会がある。こちらは、富士製鉄を経て新日本製鉄に入社し、社長、会長を経て経団連の会長（現名誉会長）となった**今井敬**が会長であることからも推測できるように、日本原子力技術協会が直接的に原発ビジネスに関わっている企業中心なのに対し、間接的で、経団連が原子力業界を背後からバックアップするような組織であるといえるかもしれない。

かつての東京電力の社長・会長で、経団連の会長も歴任した**平岩外四**が、原子力産業への大いなる応援団長（当事者でもあった）だったように、経団連と原子力産業協会とは、深いつながりがあったのである。初代会長は**菅禮之助**、以下、**安川第五郎**、**橋本清之助**（代行）、**有澤廣巳**、**圓城寺次郎**、**向坊隆**、**西澤潤一**と続き、現在の**今井敬**が会長職を襲っている。財界人と学者が交代で会長に就任しているとも見られる。

日本経団連の**米倉弘昌**会長が、福島原発震災の起きた数日後の記者会見で、記者から「日本の原子力政策は曲がり角か」と聞かれて、「そうは思いません。今回は千年に一度の津波だ。（地震に）あれほど耐えているのは**素晴らしい**」といい、原子力政策の見直しの必要性に「**ないと思う**。（東電は自信を持つべきだと思う**」と答えて、被災者たちの顰蹙を買った発言をしたのも（『東京新聞』「こちら特報部」２０１１年３月２１日朝刊）、経団連のこうした昔からの原子力産業への関与ぶりを見れば、その

200

遺伝子がきわめて愚かな形で出てきただけともいえる。

それにしても、この期に及んでも、まだ東京電力を庇い、ぬけぬけと「千年に一度」の地震や津波に耐えたのだから素晴らしいなどといっている愚言、暴言を、記者会見に臨んだ記者たちは黙って拝聴していたのだろうか。こんな愚か者が、財界総理とか、日本の実力者とかいわれる地位に就いているというのは、こうしたマスメディアの批判精神の欠如にあることに、気がつく記者がいないということは、まったくもって嘆かわしい限りだ。所詮、同じ穴のムジナ同士の庇い合いということなのだろうか。

原子力産業協会の会員と理事などは、以下の通り（社団法人原子力産業協会のHP）。

社団法人 原子力産業協会 ［JAIF］ 会員名簿（平成23年3月16日現在）

【あ】（株）アイ・イー・エー・ジャパン （株）IHI （株）IHI検査計測 愛知金属工業（株） 青森県アスク・サンシンエンジニアリング（株） 東起業（株） （株）アセンド アテックス（株）（株）アトックス アルキャン・インターナショナル・ネットワーク・ジャパン（株） AREVA Japan（株） アロカ（株） （株）粟野鉄工所

【い】（株）E&Eテクノサービス ES東芝エンジニアリング（株） イーエムキューブ（株） 伊方町 石川県 イースタン・カーライナー（株） 出光興産（株） 伊藤組土建（株） 伊藤忠商事（株） 伊藤忠テクノソリューションズ（株） （株）イトーキ 茨城県 岩崎電気（株） 岩田地崎建設

（株）インターナショナルクリエイティブ　インターナショナル・ニュークリア・サービス・ジャパン（株）

【う】ウェスチングハウス・エレクトリック・ジャパン株式会社　ウツエバルブサービス（株）宇徳

【え】エイ・ティ・エス（株）　（株）エナジス　（株）NHVコーポレーション　（株）エヌ・エフ・ティ・エス　（財）エネルギー総合工学研究所　エネルギー総合推進委員会　（株）エネルギーレビューセンター　荏原工業洗浄（株）　（株）荏原製作所　愛媛県　エプリインターナショナル　インク　MHI原子力エンジニアリング（株）　エンヂンメンテナンス（株）

【お】応用光研工業（株）　大洗町　大分共同火力（株）　おおい町　大熊町　（財）大阪科学技術センター　大阪ガス（株）　国立大学法人大阪大学　原子力ルネッサンスイニシアティブ（株）　オー・シー・エル　オーテック電子（株）　（株）大林組　大間町　岡野バルブ製造（株）　（株）岡村製作所　沖縄電力（株）　（株）奥村組　女川町　御前崎市　オルガノ（株）

【か】海外ウラン資源開発（株）　海外再処理委員会（社）海外電力調査会　（株）開発設計コンサルタント　開発電子技術（株）　（財）海洋生物環境研究所　鏡野町　（財）核物質管理センター　（株）鹿児島銀行　鹿児島県　鹿島建設（株）　柏崎市　（株）上組　刈共（株）　（社）火力原子力発電技術協会　刈羽村　川崎重工業（株）　プラント・環境カンパニー　（財）環境科学技術研究所　（株）環境浄化研究所　（株）環境総合テクノス　関西電力（株）　（株）関水社　（株）関電L&A

（株）かんでんエンジニアリング　（株）関電工　関電サービス（株）　関電システムソリューションズ（株）　（株）関電パワーテック　関電不動産（株）　関電プラント（株）

【き】北日本電線（株）　木村化工機（株）　キャンベラジャパン（株）　九州電力（株）　九電産業（株）　共和町　（学）近畿大学　金属技研（株）　（株）きんでん

【く】（株）熊谷組　栗田工業（株）　（株）クリハラント　クレハ・ニュークリア社日本事務所　（株）グローバル・ニュークリア・フュエル・ジャパン　（株）グロリアツーリスト

【け】（株）ケーイーシー　（株）京浜コーポレーション　玄海町　検査開発（株）　原子燃料工業（株）　（財）原子力安全技術センター　（財）原子力安全システム研究所　（株）原子力エンジニアリング　原子力エンジニアリング（株）　（財）原子力環境整備促進・資金管理センター　（財）原子力研究バックエンド推進センター　原子力サービスエンジニアリング（株）　原子力発電環境整備機構　（株）原子力発電訓練センター　原電事業（株）　原電情報システム（株）　原電ビジネスサービス（株）　原燃輸送（株）

【こ】（財）高輝度光科学研究センター　高速炉エンジニアリング（株）　高速炉技術サービス（株）　（財）高度情報科学技術研究機構　（株）鴻池組　（株）神戸製鋼所　（株）コクゴ　国際原子力開発（株）　（株）コトヴェール　（株）コミュニケーターズ　五洋建設（株）　近藤工業（株）

【さ】佐賀県　酒田共同火力発電（株）　薩摩川内市　（株）佐電工　佐藤工業（株）　サンエス（株）　三機工業（株）　山九（株）　産業科学（株）　（株）三興　産興（株）　サンユーエンジニアリング（株）

【し】GE日立・ニュークリアエナジー・インターナショナルLLC（株）シーエックスアール　シーシーアイ（株）（株）シーテック　ジーテック　ジャパンオフィス（株）シービーエス　JFEエンジニアリング（株）　JFEスチール（株）（株）JPハイテック（株）JPビジネスサービス（株）ジェイペック（株）ジェー・シー・オー（株）塩浜工業　志賀町（株）四国計測工業（株）　四国電力（株）　静岡瓦斯（株）　静岡県　四変テック（株）（株）島津製作所　島根県　清水建設（株）（株）十八銀行（株）商船三井（株）常陽銀行　辰星技研（株）（株）島根県　新日本製鐵（株）　新むつ小川原（株）　新菱冷熱工業（株）　新和内航海運（株）　新日本空調（株）

【す】瑞豊産業（株）（株）スギノマシン　助川電気工業（株）（株）スタズビック・ジャパン　住友金属工業（株）　住友金属鉱山（株）　住友商事（株）　住友生命保険相互会社　住友電気工業（株）（株）スリー・アール

【せ】セイコー・イージーアンドジー（株）（株）セルナック（株）セレス　全国電力関連産業労働組合総連合

【そ】双日（株）（株）ソルトン（株）損害保険ジャパン

【た】（株）ダイイチ（株）第一工芸社（株）大気社　大成建設（株）　大同特殊鋼（株）　太平電業（株）（株）太平洋コンサルタント（株）ダイヤコンサルタント（株）高岳製作所　高砂熱学工業（株）（株）高田工業所　高浜町　武田薬品工業（株）（株）竹中工務店（株）TAS（株）辰巳商会

【ち】（株）ChannelJ　中央開発（株）　中国電力（株）　中電環境テクノス（株）（株）中電

工 中電工業(株) 中電興業(株) 中電不動産(株) 中電プラント(株) (株)中日新聞社 (財)中部科学技術センター 中部電力(株) (株)中部プラントサービス 中部冷熱(株) 千代田化工建設(株) 千代田興産(株) (株)千代田テクノル 千代田メインテナンス(株)

【つ】通研電気工業(株) 敦賀市

【て】(株)テクノ中部 (株)テクノフレックス (株)テクノリサーチ研究所 (株)テネックス・ジャパン (株)テプコシステムズ テュフズードジャパン(株) 電気化学工業(株) 電気事業連合会 電源開発(株) (株)電通 (財)電力中央研究所

【と】東亜バルブエンジニアリング(株) (株)東奥日報社 (学)東海大学 (株)東京エネシス 東京海上日動火災保険(株) 東京商工会議所 東京電力(株) (学)東京都市大学原子力研究所 東京ニュークリア・サービス(株) 東京発電(株) 東京防災設備(株) 東京レコードマネジメント(株) 東興機械工業(株) (株)東芝 東芝原子力エンジニアリングサービス(株) 東芝電力検査サービス(株) 東芝物流(株) 東芝プラントシステム(株) 東双不動産管理(株) 東電環境エンジニアリング(株) 東電工業(株) 東電広告(株) 東電設計(株) 東電同窓電気(株) 東電ピーアール(株) 東電不動産(株) (株)東方書店 東北インフォメーション・システムズ(株) 東北電力(株) 東北発電工業(株) 東北用地(株) 東北緑化環境保全(株) 東洋エンジニアリング(株) 東洋炭素(株) 東洋ニュークリア・サービス(株) トーエネック トーワエレックス(株) トキコテクノ(株) 特許庁 戸田建設(株) 飛島建設(株) 泊村 富岡町 富山薬品工業(株) (株)巴商会 富山共同自家発電(株) トヨタ自動車

（株）トランスニュークリア（株）　Trade Tech 日本事務所

【な】
（株）中北製作所　（株）永木精機　長瀬ランダウア（株）　（株）ナガミ　名古屋商工会議所
浪江町　楢葉町
（株）新潟環境サービス（株）　新潟県　新潟原動機（株）　新潟綜合警備保障（株）　柏崎刈羽原子力警備支社　西日本プラント工業（株）　西日本技術開発（株）　西松建設（株）　ニシム電子工業（株）　ニチアス（株）　日栄動力工業（株）　（株）日刊工業出版プロダクション　日揮（株）　日機装（株）　ISOL事業本部　日進技研（株）　日豪ウラン資源開発（株）　（株）日通総合研究所　日鐵セメント（株）　（株）日本アクシス　日本アドバンストテクノロジー（株）　日本核燃料開発（株）　日本軽金属（株）　（株）日本原子力情報センター　日本興亜損害保険（株）　日本通運（株）　（独）日本貿易保険　日本郵船（株）　（社）日本アイソトープ協会　（財）日本ITU協会　日本アイ・ビー・エム（株）　日本イーエスアイ（株）　（株）日本エイ・ビー・エス・キュイー　日本エヌ・ユー・エス（株）　（財）日本エネルギー経済研究所　日本エネルギー法研究所　日本海運（株）　日本ガイシ（株）　（財）日本海洋科学振興財団　（株）日本環境調査研究所　日本ギア工業（株）　日本クラウトクレーマー（株）　（一般社団法人）日本原子力技術協会　（独）日本原子力研究開発機構　日本原子力発電（株）　日本原子力防護システム（株）　日本原子力保険プール　日本建設工業（株）　日本原燃（株）　（財）日本国土開発（株）　日本照射サービス（株）　（株）日本製鋼所　（株）日本政策金融公庫国際協力銀行　（株）日本政策投資銀行　（社）日本損害保険協会　日本電気（株）　（社）日本電

気協会　(社)日本電機工業会　(社)日本土木工業協会　(株)日本ネットワークサポート　(財)日本分析センター　日本放射線エンジニアリング(株)　日本ポール(株)　日本無機(株)　日本メジフィジックス(株)　(財)日本立地センター　日本レコードマネジメント(株)　ニュークリア・デベロップメント(株)　(株)ニュージェック　(株)ニューテック東京支社　人形峠原子力産業(株)

【ね】(株)NESI

【の】能美防災(株)　(財)能登原子力センター　(株)野村総合研究所

【は】(株)間組　(財)発電設備技術検査協会　パナソニック(株)　バブコック日立(株)　バルカー・ガーロック・ジャパン(株)　(株)阪和

【ひ】(株)ビージーイー　(株)BWR運転訓練センター　東通村　東日本興業(株)　(株)日立エンジニアリング・アンド・サービス　日立造船(株)　日立金属(株)　日立GEニュークリア・エナジー(株)　(株)日立製作所　日立電線(株)　(株)日立物流　(株)日立プラントテクノロジー　非破壊検査(株)　ビューローベリタス　平田バルブ工業(株)

【ふ】福井県　福井県原子力平和利用協議会　(財)福井原子力センター　(学)福井工業大学アイソトープ研究所　(株)福井新聞社　福井テレビジョン放送(株)　福島県　(株)福島民報社　福田組　福田工業(株)　(株)フジキン　(株)フジクラ　富士ゼロックス(株)　(株)フジタ　富士通(株)　富士電機システムズ(株)　富士フイルムRIファーマ(株)　富士古河E&C(株)　双

葉町

【へ】（株）ペスコ　（株）ベントレー・システムズ

【ほ】宝栄工業（株）　（独）放射線医学総合研究所　（財）放射線影響協会　（財）放射線計測協会　（財）放射線利用振興協会　北電技術コンサルタント（株）　北電興業（株）　北電産業（株）　北電総合設計（株）　北陸電気工事（株）　北陸電力（株）　北陸発電工事（株）　北海電気工事（株）　北海道　北海道計器工業（株）　北海道電力（株）　北海道パワーエンジニアリング（株）

【ま】（株）前川製作所　前田建設工業（株）　松江市　（学）松山大学　丸紅（株）　丸紅ユティリティ・サービス（株）

【み】三重テレビ放送（株）　（株）みずほコーポレート銀行　三井住友海上火災保険（株）　三井住友銀行　三井住友建設（株）　三井生命保険（株）　三井造船（株）　三井物産（株）　三井原子燃料（株）　三菱重工業（株）　三菱商事（株）　三菱商事パワーシステムズ（株）　（株）三菱総合研究所　三菱電機（株）　三菱電線工業（株）　（株）三菱東京ＵＦＪ銀行　三菱マテリアル（株）　三菱マテリアルテクノ（株）資源・エネルギー事業部　南相馬市　美浜町　宮城県　（株）未来政策研究所

【む】むつ市　国立大学法人　室蘭工業大学

【め】（株）明電舎

【や】山口県　(株)山之内製作所

【ゆ】(株)ユアテック

【よ】横河電機(株)　横河電子機器(株)　ヨシザワLA(株)　四電エンジニアリング(株)　四電ビジネス(株)

【ら】ラジエ工業(株)

【り】(独)理化学研究所　リサイクル燃料貯蔵(株)

【れ】レモ　ジャパン(株)

【ろ】六ヶ所村

【わ】(財)若狭湾エネルギー研究センター　(学)早稲田大学　ワック(株)

備考　(独)：独立行政法人、(学)：学校法人

理事・監事名簿

平成22年9月14日現在
※印は常勤役員　( )内は国家公務員出身者の最終官職

会長　今井　敬　(社)日本経済団体連合会　名誉会長

209　2011年3月25日（金）

副会長	西田厚聰	（株）東芝取締役会長
理事長	服部拓也	
常務理事	石塚昶雄 ※	
〃	八束 浩 ※	
理事	五十嵐安治	（株）東芝 執行役上席常務 電力システム社社長
〃	梅原 肇	（株）グローバル・ニュークリア・フュエル・ジャパン代表 取締役社長
〃	川井吉彦	日本原燃（株）代表取締役社長
〃	河瀬一治	全国原子力発電所所在市町村協議会 会長
〃	木村 滋	電気事業連合会 副会長
〃	工藤和彦	九州大学 高等教育開発推進センター特任教授
〃	小宮 修	三菱商事（株）常務執行役員 機械グループCEO
〃	阪口正敏	中部電力（株）代表取締役 副社長執行役員 発電本部長
〃	澤 明	三菱重工業（株）取締役 常務執行役員 原子力事業本部長
〃	鈴木篤之	（独）日本原子力研究開発機構 理事長
〃	田中 知	東京大学 大学院 工学系研究科 原子力国際専攻 教授
〃	鳥井弘之	（株）日本経済新聞社 社友
〃	中村満義	（社）日本土木工業協会 会長
〃	並木 徹	（財）エネルギー総合工学研究所 副理事長（元・通商産業省環境立地局長）

〃　羽生正治　日立GEニュークリア・エナジー（株）代表取締役 取締役社長

以上20名

監事　久米雄二　電気事業連合会　専務理事

〃　早野敏美　（社）日本電機工業会　専務理事

以上2名

日本原子力技術協会と日本原子力産業協会のメンバー企業を合わせれば、日本の巨大企業から大企業、そして中小企業から零細企業に至るまで、ほとんど網羅され尽くしているといってよいだろう。戦後の長い時間をかけて、彼らはアメリカとの密接で緊密な関わり合いのなかで、日本社会において原子力産業を定着させようと営々と努力してきたのである。

日本原子力産業協会の前身が原子力産業会議であり、それが経団連という日本産業の音頭取りの組織の代表によって提唱され、電力会社や原子炉の巨大なメーカーが、互いにパイを分かち合いながら、自らの権益を厖大なものとし、次には、その権益が、少しでも毀損されたり、横取りされないようにと、政治家や官僚の原子力行政と二人三脚（学者、マスコミも入れて、四人五脚か？）で「原子力村」というべき強力な自己保存のシステムを作り上げたことは、これまでの記述からも明らかな通りだろう。

このように、日本の有数の大企業が原子力産業、原発ビジネスに群がっている。それはある意味では原子力マフィアと呼んでもいいかもしれない。彼らは共通の利害を持つ利益集団であり、いざとな

211　2011年3月25日（金）

れば、どんな力を使っても自分たちの共通利益（共同利権）を守り切るという決心を持つことは必定なのである。

彼らにとっては、たぶん、現在引き起こされている福島第一原発の原発震災を引き金とした、原子力や原発に対する猛烈なバック・クラッシュが、一番のクライシスだろう。それは、一般国民が感じているクライシスとは逆のものだ。彼らが、営々として築いてきた「原子力発電所」（原子力産業、原発ビジネス）という巨塔は、今、彼らの目前で崩れ落ちようとしているのだから。

それは、これまで彼らがありとあらゆる手段を使って、隠蔽、弥縫、瞞着、責任逃れをしてきたのとは、まったく別次元の出来事であるからだ。

もちろん、彼らがそれを座視しているとは思えない。いつか、いつの日にか（それは明日かもしれない、明後日かもしれない）、再び甦ることを決意しているはずだ。彼らはすでに虎視眈々として機会を狙っている。チャンスを窺っている。東電の計画停電なるものは、そうした彼らの深謀遠慮の一つだろう。停電は怖い。電力の供給がなくなれば、いったいどんな恐ろしい状況となるのか。そうした怖ろしさをたっぷり味わわせておいて、やはり電気は必要なのだ、エネルギー資源に乏しい日本には原発は必要悪なのだと、紳士めいた顔つきで語り続けるのだ。

――羹（あつもの）に懲りて膾（なます）を吹いてはいけない。この事故（彼らは事象と呼ぶ）によって原発の安全面はより強化され、本当に安全なものとなる。福島第一原発のような古いものは新陳代謝されて、より新しく、安全度も飛躍的に進んだ原発がもうすでにできている。日本の科学力が、これまでの欠陥や弱点を克服して、完全なものとなるためには、研究や実験や実践を止めることは、歴史の退化にほかならない。

彼らのいい分は、分かっている。それは、すでに歌われた歌であり、奏でられたメロディーだ。しかし、彼らのこれまでの美辞麗句は、現実の福島原発震災によって、ことごとく粉砕された。しかし、さらなる彼らの言葉による攻撃は、現実や事実によって打ち破ることはできない。その時には、彼らも、私たちもすでにいなくなっているのだから。彼らは自分たちの破滅も滅亡も怖れない、彼らのフェティシズムの対象である「原発」が残るのであれば。もちろん、私たちはそんな狂気につきあうわけにはいかない。コンクリートと鋼鉄と鉛に包まれた"白き塗りたる墓"で滅亡するのは彼らだけで十分だ。

長い間、彼らが莫大な金と、厖大な手間暇と、長い時間をかけて、国民に染み込ませてきた「原発の必要性」という洗脳による放射線は、まだ国民の間では除洗されていない。今のうちに、彼らは次の手を考えている。粘り強く、しぶとく、放射能にまみれた冷却水のように汚く。

『毎日新聞』『東京新聞』によると、中部電力や関西電力の社長は、原発の当面の新設、増設の工事は凍結するものの、プルサーマル計画や、既定の計画は"粛々"として遂行すると語っている。彼らとしてはそう発言せざるをえないとしても、それをそのまましゃべらせている新聞記者たちは、何だ！ この期に及んでも、電力会社というスポンサーや、経済産業省、文部科学省、内閣府といった行政の威光が怖いのだろうか。今回の原発震災は、東電だけに責任があるのではない。電気事業連合会に所属する電力会社全体に共同責任（共犯関係！）があるのだ。その落とし前は、彼ら全員にとってもらわなければならないのである。

213　2011年3月25日（金）

アンラッキーのラッキー・アイランド、フクシマを救え！

ヒロシマ、ナガサキ、フクシマ。

スリーマイル、チェルノブイリ、フクシマ。

私たちは、怒りをこめて、これらの地名を振り返えらなければならないのだ。

あとがき

2011年4月6日（水）

 東日本大震災から4週間目に入った。被災地では、ようやく非常時という平常が訪れ、政府のなかでは復興の声が高まった。しかし、福島第一原発震災は、原子炉や核燃料プールを冷やすための水掛けがまだ続いている。水を掛ければ、放射能に汚染された水が溢れてくるのは道理だと思うが、対策本部では溢れた水をどうしようという"水掛け論"を繰り返し、低レベルの放射能水を海に放出するという作業を始めた。放射能を"閉じ込める"ことを至上の命題としてきた原発関係者にとっては、苦渋の決断というより"ありえないはず"の選択だったろう。また一つ安全神話が崩れたのだ。

 放射能水はすでに海に溢れ出しているのに、まだ、格納容器の破断などを認めたくない人々によって、タンクに放射能水を貯め込んでおこうといった評定がなされているが、現実を早く認めて、何でもいいから有効な手はすべて使ったらいいと思う。海への放水がやむをえないのならば、早いに越したことはない。この期に及んでも自己保身のために思い切った手を打てない東（逃？）電、原子力安全・保安（不安？）院、原子力安全（安心？）委員会の幹部全員は、時がくれば、速やかにさっさと退場してもらいたいものだ。

いや、その前にどうしても退任してもらわなければならないのが、独立行政法人・日本原子力研究開発機構の**鈴木篤之理事長**だ。彼は、何と2011年4月1日付で、こんな文章を発表している。

ごあいさつ

　原子力は国民の生活に不可欠なエネルギー源です。独立行政法人日本原子力研究開発機構（以下「原子力機構」という。）は、原子力の新しい科学技術や産業を生み出すため、原子力の基礎応用研究から核燃料サイクルの実用化まで幅広い研究開発を行っている日本で唯一の原子力に関する総合的な研究開発機関です。

　平成22年度からの第2期中期計画で、原子力機構は、「もんじゅ」をはじめとする原子力エネルギーに関する研究開発を中心に、引き続き「高速増殖炉サイクルの研究開発」「地層処分技術に関する研究開発」「核融合エネルギーの研究」「量子ビームの応用研究」を主要事業として重点化し、原子力エネルギーのさらなる飛躍に挑戦していきます。また、国内外の原子力人材の育成、国際的な原子力安全、核物質防護および核不拡散のための諸活動に対し、技術面、人材面において積極的に貢献してまいります。

　原子力機構は全国11ヶ所の拠点において研究開発活動に取り組んでいます。それぞれの地域の皆さまをはじめ、国民の皆さまとのコミュニケーションや情報を共有することがわれわれの活動にとって不可欠なものと考えています。これまで同様、安全確保の徹底と現場重視の精神のもと、原子力機構が進める事業ができるだけ皆様に見えるよう、そして皆様からの心強い信頼を獲得で

216

きるよう取り組んでまいります。
今後とも、皆様方のご支援を宜しくお願い申し上げます。

(平成23年4月1日)

独立行政法人　日本原子力研究開発機構

理事長　鈴木　篤之

　福島第一原発震災の発生直後に、こんなことをいえるその神経と感性は、とてもまともなものとは思えない。この前・原子力安全委員会委員長は、自分がそのポストにいた時に、今回の福島原発震災の"基(もと)"を作ったこと(安全点検をおろそかにし、危険な老朽原発や「もんじゅ」の運転再開を急がせたこと)を反省もせず、自らの失敗を顧みることもなく、プルトニウム利用の「核燃料サイクル」の完成というマッド・サイエンティストとしての"夢"を叶えようと躍起になっているのだ。
　こんな危険な男に、我われの税金を1500億円以上も交付して、日本原子力研究開発機構の理事長として危うい原子力産業を推進させるということは、日本国民にとって踏んだり蹴ったりといわざるをえない。民主党政府(が続くとしたらだが)は、直ちにこの男を解任し、原子力研究開発機構を安全管理の部門だけを残し、縮小し、解体する道筋を策定すべきだ。それが原子力ビジネスに色目を使い、自民党政権の原子力利権を、今度は自分たちの手に握ろうとした民主党の「原子力推進派」の政治家たちの、せめてもの罪滅ぼしといえよう。

私は、いま韓国にいる。先月末までに日本を出国しなければならないという用事があり、30日に妻といっしょに日本を離れ、KELでソウルに到着したのだ（飼い猫のジャマコとピピタは、近所の人に世話を頼んできた。野良のアオタとキスケ（クロスケというのもいる）は、彼（女）らの生命力の強さを祈るほかない）。成田空港は出国する人はほとんど出国し、入国する人はあまりいないということで、ずいぶん空いていた。飛行機そのものは満席に近い状態だったが。ソウルに着くと、空港にも、ホテルの入り口にも「頑張れ、日本！」の文字の垂れ幕やらポスターが置かれていた。「隣の家は近い親戚」という韓国の諺があるが、今回の東日本大震災については、かつてないような支援の輪が韓国にも拡がっているという。だが、原発震災については、こうした善意や好意を簡単に受けていいものだろうかと、少し懐疑的になる。

原発の売り込みを目論んで、CO_2削減に率先して取り組むフリをし、"クリーン"なエネルギーとして原発をアジアなどに売り込もうとした国策的商売に邁進していた日本が、そんな善意や好意を受け取る権利があるだろうか。ましてや核武装の思惑からプルトニウム保持を企み、他国ではとっくの昔に中止した高速増殖炉やプルサーマル計画などの「核燃料サイクル」の"見果てぬ夢"に固執し、日本人だけどころか、人類そのもの、地球上の生物すべてを滅亡の危機に陥れようとした日本の原発関係者と、それを漫然と許容してきた日本国民は、他国からの友情溢れた好意や善意を受けとめる前に、深甚な反省と謝罪をしなければならないはずだからだ。

もちろん、私はここで日本国民の〝一億総懺悔〟を企図しようとしているわけではない。少なくとも、今回の原発震災（人災）については、原子力行政、原子力産業、原発ビジネスを推進してきた人々

に第一義的な責任と罪がある。イエスは、「罪なき者こそ、罪ある女に石を投げよ」といったが、電力を享受し、享楽していたかもしれない人々（である私たち）が天罰を受けた、とか、これは当代の日本人全員への天譴（てんけん）であるといった無責任な言い方には、私は絶対に与（くみ）しない。

公開されたインターネットの情報だけによって、私はその責任者たち（犯罪者たちといってもいいほどの人もいる。たとえば、前原子力安全委員長は、旧ソ連の核弾頭を買い取り、そこからプルトニウムを取り出し、それを日本の原子炉で燃やすという"悪魔的"な構想を真顔で語っていた）を調べたのだが、たまたま運が悪く、そんな地位や立場に立たされていた人もいると思う。東電の**清水**社長や**寺坂**原子力安全・保安院院長、**班目**原子力安全委員会委員長は、その無能力、無気力、無責任と判断ミスの責任は免れないだろうが、本当はたまたまその地位の椅子に座る順番が廻ってきた時に、今回のような未曾有の震災が起きてしまった"不運な人"だと思う。**菅**首相も、**枝野**官房長官も、**海江田**経済産業相もそうかもしれない（ただし、内閣が延命できたという"幸運"もあった）。

もちろん、それは彼らの免責、免罪の理由とはならない。横滑り、天下り、盥回し（たらいまわ）の人事によって、不適材不適所の人事が、いかに日本社会を駄目にしてきたかを、私たちは痛切に知らざるをえないのである。

本当の悪人や絶対的な責任者は、もう鬼籍に入っているか、リタイアして悠々自適の余生を過ごしているだろう。それは直接的には歴代の原子力委員会委員長を見れば明らかだと思う。為政者たちの絶大な権力と金力と暴力に対して、私たちはあまりにも無力だ。だが、少なくとも、批判し、糾弾し、そのよってきたる原因を糾明する表現の手段は、まだ私たちに残されている（"悪役捜し"をするな

という言説に私は与しない)。

目の前に、釜山(プサン)の海雲台(ヘウンデ)の海岸が見える。桜の花が咲くこの温泉リゾートの景色は、私の心を慰める。しかし、水平線の向こうから巨大な津波が押し寄せてくるというこの海雲台の海岸を舞台に作られた。まるで、この海(日本海、韓国東海(トンヘ))の先にある列島の、向こう側の海岸で起きたことを予測するかのように。つまり、それは予知され、予測されるものだったのである。地震と津波は天災だが、原発震災は人災である。私たちはそれを峻別し、神のことは神に、人のことは人に、その責任と罪を問わなければならないのだ。

海は寛容で、寛大だ。白い砂浜と青く拡がる海、桜の咲き誇る汀沿いの並木を眺めていれば、ちっぽけな私の怒りなどは、溶解していくようだ。〝私は海を抱きしめていたい〟と坂口安吾はいったが、私は海に抱きしめられていたいと思う。海と溶け合い海に怒りをなだめられる時がくるまで、私のこの「あとがき」を未完のままにしておきたいのだ……。

2011年4月6日午後7時30分
釜山海雲台(プサンヘウンデ)、リベラホテルにて

川村　湊

「あとがき」のあとで——重版に際し

2011年4月17日（日）

福島原発震災から1カ月以上が過ぎた。しかし、震災は、いまだ予断を許さない状況が続いている。

水素を爆発させないために、窒素を注入するとか、放射能の汚染水を玉突きのように建屋からタンクに、タンクからプールへ移すとか、対症療法のようなことばかりをしていて、しかもそれすら順調には進んでいない。とても、花見なんかしている心の余裕もないうちに、桜の花も散ってしまった。

東電はようやく原発震災の収束のロードマップなるものを発表したが、それは放射能漏れを止めるまでにも、6～9カ月かかると見通している。もちろん、それはとりあえずの収束で、本格的な事故処理や、廃炉までの道程は、何年かかるか分からない。10～20年、周辺に人は住めないというのは、人心を惑わす失言というより、みんなが心の底で思っていることだろう。

天変地異の起こった社会には、妖言や妖説が乱れ飛ぶのは、いたしかたのないことだと思うが、「東京大学医学博士」という肩書きを振り回している**稲恭宏**という男が、ユーチューブで、放射能なんてまったく問題ないと、医学的真実なるものをいいふらしているのには、呆れ果てる。野菜も、魚も何も問題はない、福島原発に普段着でいったってまったく平気だという、このインチキ男は、藁にでもすがりつきたい避難者や、風評被害者を相手に、恐ろしく低レベル（害毒性は高濃度だ）のダボラを吹いて人を瞞着している。この男は、低放射能を浴びることはむしろ健康や美容にいいといったイン

チキ商売人で、世界的な放射性医療の権威だと途方もないデタラメをいい募り、こんな混乱の時期だから化けの皮も簡単には剥がされないだろうと、下手な芝居を打っているのだ。しかし、本物の「東大博士」だって、プルトニウムは恐ろしくないとか、食べたって大丈夫だとかいって、この藁屑男だけが、狂人として大路を走っているわけではない。バカは孤ならず、必ず隣がいるのだ。重版するにあたって、誤植や脱字などを正したが、その他、1カ所、**佐藤栄佐久**前・福島県知事についての記述が誤っていたので、それを直した。収賄事件について、すっかり、晴れて無罪になったのだろうと希望的観測も交じえて「無罪となった」と書いてしまったのだが、1、2審は有罪で、現在無罪判決を求めて上告中というのが事実だ。

原子力安全・保安院は、全国の原発に複数の外部電源をそなえることや、津波に対する対策を行うようにと指示したらしい。こんな泥縄式の対処方法で原発震災が予防されると本当に思っているのだろうか。今ある原発は、廃炉にすることしか、解決の方法はない。それなのに、愚かな**菅**首相は、(太陽・風・バイオなどの)クリーン・エネルギーと安全な原子力の両立といったことをまだ寝言のようにいっている。彼らの目には、鳥の巣のように鉄骨がぐちゃぐちゃに曲がりきった3号機や、鉄骨剥き出しの1〜4号機、それに建屋がまだ少ししか壊れていないからこそ、そこから漏れてくる水蒸気が不気味な2号機などが見えていないのだろうか?

これらを広島の原爆ドームのようにそのまま原形保存(もちろん放射能は除染)して世界遺産とすることを、少々気が早いかもしれないが提言する。映画『東京原発』の「都知事」役の役所広司がいうように「喉元過ぎればみんなすぐに忘れてしまう」に決まっているからだ。

川村 湊(かわむら・みなと)

一九五一年二月、北海道生まれ。
文芸評論家。
法政大学法学部政治学科卒。
法政大学国際文化学部教授。

主な著書

『補陀落』(作品社・伊藤整文学賞)
『牛頭天王と蘇民将来伝説』(作品社・読売文学賞)
『温泉文学論』(新潮社)
『狼疾伝——中島敦の文学と生涯』(河出書房新社)
『異端の匣』(インパクト出版会)
FOR BEGINNER シリーズ『満洲国(Manchuria Studies)』(現代書館)

編著
『現代アイヌ文学作品選』(講談社)

共訳書
韓水山『軍艦島(上・下)』(作品社)

福島原発人災記——安全神話を騙った人々

二〇一一年四月二十五日 第一版第一刷発行
二〇一一年五月三十一日 第一版第四刷発行

著 者 川村 湊
発行者 菊地泰博
発行所 株式会社現代書館
     東京都千代田区飯田橋三-二-五
郵便番号 102-0072
電 話 03(3221)1321
FAX   03(3262)5906
振 替 00120-3-83725

組 版 具羅夢
印刷所 平河工業社(本文)
     東光印刷所(カバー)
製本所 越後堂製本
装 幀 伊藤滋章

校正協力・岩田純子
© 2011 KAWAMURA Minato Printed in Japan ISBN978-4-7684-5661-3
定価はカバーに表示してあります。乱丁・落丁本はおとりかえいたします。
http://www.gendaishokan.co.jp/

活字で利用できない方のための
テキストデータ請求券
『福島原発人災記』

本書の一部あるいは全部を無断で利用(コピー等)することは、著作権法上の例外を除き禁じられています。但し、視覚障害その他の理由で活字のままでこの本を利用できない人のために、営利を目的とする場合を除き、「録音図書」「点字図書」「拡大写本」の製作を認めます。その際は事前に当社までご連絡ください。
また、活字で利用できない方で、テキストデータをご希望の方はご住所・お名前・お電話番号をご明記の上、左下の請求券を当社までお送りください。

現代書館

原発老朽化問題研究会 編
まるで原発などないかのように
地震列島、原発の真実

原発は、私たちの頭脳の臨界線にあるのだが、眼には入らないような電力生活をしている。その原発は、地震多発列島上で老朽化しているにもかかわらず、寿命は2倍に延ばされた。安全余裕の欺瞞性、ひび割れと放射線による材料劣化等を解説する。

2300円+税

北村博司 著
原発を止めた町【新装版】
三重・芦浜原発三十七年の闘い

原発の押し付けを許さない！ 国・三重県・中部電力を向こうにまわし一般住民が従手空拳で挑んだ原発建設阻止の闘いが到達した奇跡の勝利。「原発なき社会づくり」への住民革命を地元ジャーナリストが詳細・克明に活写した。

2000円+税

三浦英之 著
水が消えた大河で
JR東日本・信濃川大量不正取水事件

日本最大の川であった信濃川が枯れたのはなぜか？ 魚が消され、漁民が消され、あとに残った巨大なダム群は何を物語るのか？ JR東日本による不正大量取水事件を追った朝日新聞記者による書き下ろしドキュメンタリー。

1800円+税

K・オット、M・ゴルケ 編著／滝口清栄 他訳
越境する環境倫理学
環境先進国ドイツの哲学的フロンティア

「絶対的な解」がない環境問題に哲学者はいかに挑んだのか？ 安易な自然礼賛・文明批判を超え、希望の根拠を探る哲学者たちの挑戦。人間は今何を問われているのか？ 哲学者たちが見た環境の本当の問題点をズバリ指摘する。

2700円+税

VAWW-NETジャパン 編
暴かれた真実 NHK番組改ざん事件
女性国際戦犯法廷と政治介入

女性国際戦犯法廷を扱ったNHK番組改変事件をめぐり、バウネットは7年の裁判を闘った。「慰安婦」問題の歴史と責任に背を向ける社会、沈黙するメディア、そこに立ちはだかるものを浮き彫りにし、事件と闘いを追究する貴重な一冊。

2600円+税

堀江邦夫 著
原発ジプシー【増補改訂版】
被曝下請け労働者の記録

原発下請労働者として美浜、福島、敦賀の各原発で働いた著者がそこで体験したものは、放射能に肉体を蝕まれ、「被ばく者」となって吐き出される棄民労働のすべてだった。原発内労働の驚くべき実態を克明に綴った告発ルポルタージュの新装改訂版。

2000円+税

定価は二〇一一年五月現在のものです。